3
1970

Faserforschung und Textiltechnik

WISSENSCHAFTLICH-TECHNISCHE ZEITSCHRIFT
FÜR DIE CHEMIEFASER- UND TEXTILINDUSTRIE

BEGRUNDET VON
ERICH CORRENS UND WALTER FRENZEL

HERAUSGEGEBEN VON ERICH CORRENS
WOLFGANG BOBETH — HANS BÖHRINGER — HERMANN KLARE
BURKART PHILIPP — CHRISTIAN RUSCHER
SCHRIFTLEITER J. BRÄMER UND I. RUSCHER

AUS DEM INHALT

AKADEMIE-VERLAG BERLIN

Faserforsch. u. Textiltechnik • 21. Jahrg. • Heft 3 • Seiten 101—144 • Berlin im März 1970

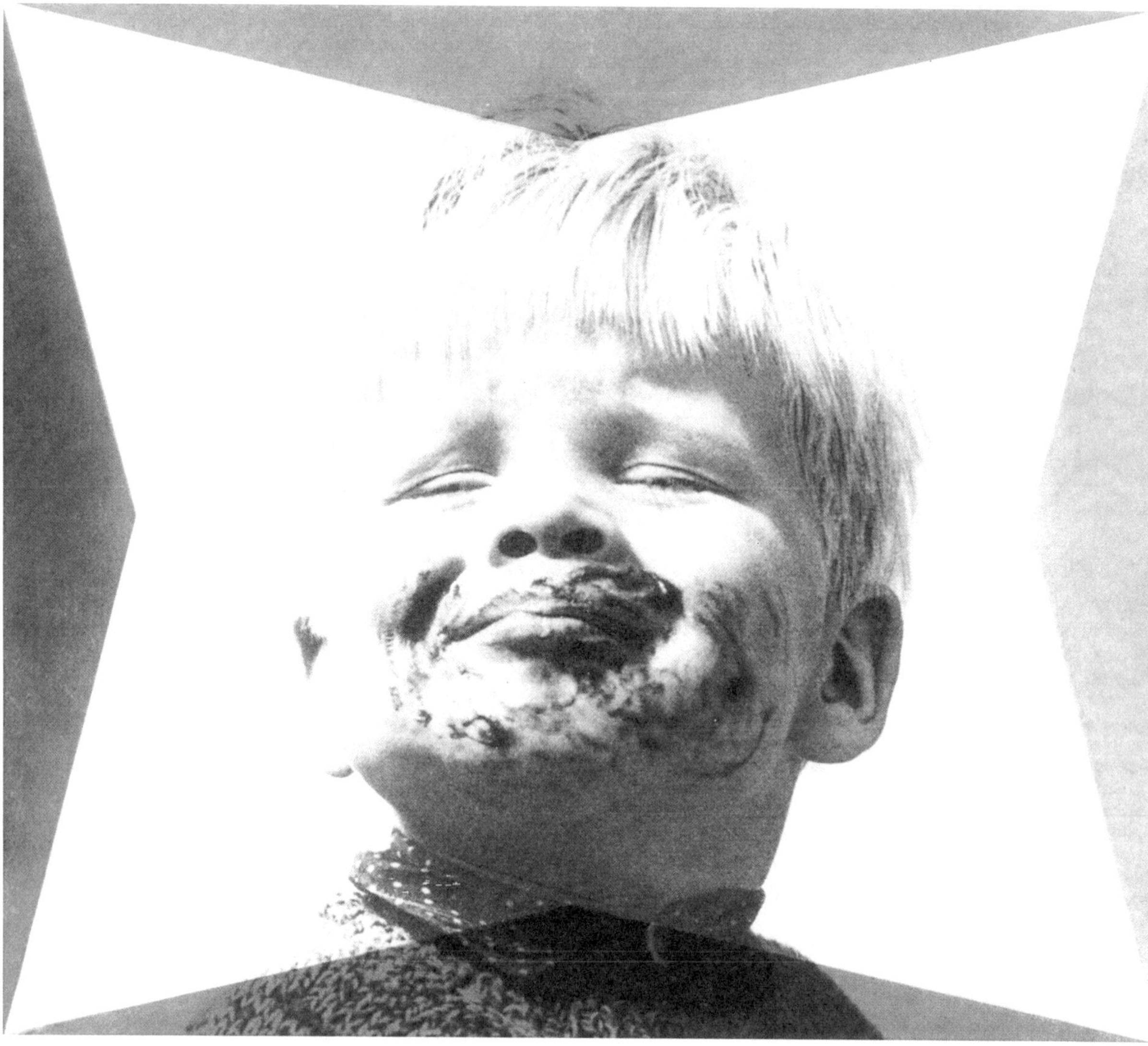

Hier genügt Seife!

Die Textilindustrie braucht jedoch geeignete Waschmittel, die den unterschiedlichen Verschmutzungen sowie den variablen Materialzusammensetzungen Rechnung tragen. Waschmittel aus Schkopau – unter dem Namen PRÄWOZELL® – werden durch ihre besonderen Vorzüge, wie Härtebeständigkeit – gutes Netzvermögen – Metallsalz- und Chemikalienbeständigkeit – hohe Entfettungskraft – niedrige Anwendungstemperaturen und Anwendungskonzentrationen – keine Faserschädigungen sowie gute Gleitwirkung beim Walken, den Anforderungen der Textilindustrie unserer Zeit gerecht.
Fordern Sie Informationsmaterial an.

VEB
CHEMISCHE WERKE BUNA
DDR · 4212 SCHKOPAU

DK 678.675'126:541.127.1:542.48:547.281.1:546.185–325:546.33'264:546.32'267:543.242

Reinisch, Gerhard, und *Ulrich, Hans-Heinz*

Zur Reaktion von Polycaprolactam mit Formaldehyd

Teil II. Analytische Bestimmung der Hydroxymethyl- und Methylensubstitution

Faserforsch. u. Textiltechnik **21** (1970) 3, S. 101—105. 13 Tab., 8 Lit.

Analysenmethoden für formaldehydmodifiziertes Polycaprolactam werden beschrieben und beurteilt. Die Abspaltung des Hydroxymethylgruppenformaldehyds erfolgt durch 2 h Destillation unter Zusatz von 2 n Natriumcarbonatlösung oder durch unmittelbare Einwirkung alkalischer KCN-Lösung auf die formaldehydhaltige Substanz. Der in Form von Methylengruppen gebundene Formaldehyd wird nach der Hydroxymethylgruppenabspaltung durch Destillation unter Zusatz halbkonz. Phosphorsäure freigesetzt.

DK 678.745.32:[677.019.17:541.12.036]:541.128.4:542.953:547.462.3'312:547.462.3'054.1

Runge, Jürgen, und *Nelles, Wally*

Zur Inhibierung der thermischen Verfärbung des Polyacrylnitrils

Faserforsch. u. Textiltechnik **21** (1970) 3, S. 105—110. 3 Abb., 4 Formelbilder, 4 Tab., 18 Lit.

Die Verfärbung, die Polyacrylnitril im Temperaturbereich von 120 bis 220 °C erleidet, wird, soweit sie auf die nucleophil initiierte Kondensation der Nitrilgruppen zurückzuführen ist, durch Maleinsäureanhydrid und durch Maleinimid und dessen N-Substitutionsprodukte wirksam inhibiert.

DK 678.546.11:547.458.82:543.257:541.135:678.74:541.6:541.24

Philipp, Burkart, und *Alsleben, Horst*

Über Symplexe von Cellulosederivaten

V. Mitt.: Untersuchungen zur Leitfähigkeitstitration anionischer Cellulosederivate mit polymeren Aminen

Faserforsch. u. Textiltechnik **21** (1970) 2, S. 110—116. 7 Abb., 3 Tab., 22 Lit.

Die Symplexbildung der Polyelektrolyte Natriumcarboxymethylcellulose und Natriumcellulosexanthogenat mit quaternisierten Polyvinylverbindungen in wäßriger Lösung läßt sich mit Hilfe der Leitfähigkeitstitration verfolgen. Der Knickpunkt der Titrationskurve entspricht, unabhängig von der Struktur, der Substituentenverteilung und dem DP der Polyelektrolyte einem äquivalenten Verhältnis der Polyionen, sofern diese in Form ihrer Salze eingesetzt werden.

DK 678.746.22:541.24:541.8:535.36:539.2

Dautzenberg, Herbert

Lichtstreuung an mäßig konzentrierten Polystyrollösungen

Teil I.: Einfluß der relativen Molekülmasse

Faserforsch. u. Textiltechnik **21** (1970) 3, S. 117—124. 13 Abb., 2 Tab., 9 Lit.

Zur Untersuchung des Lösungszustandes im Bereich höherer Konzentrationen wurden die Streufunktionen von Polystyrolfraktionen mit relativen Molekülmassen von 1,3 bis 7,1 · 10^6 in Abhängigkeit von der Konzentration aufgenommen. Der Konzentrationsbereich erstreckte sich von 0,02 bis 1%. Aus der Maximumsbedingung der Funktion $I(c)$ wurden die dritten Virialkoeffizienten bestimmt. Besondere Aufmerksamkeit wurde dem Problem geschenkt, bis zu welchen Konzentrationen die Streukurven durch die Struktur der Einzelmoleküle bestimmt werden und ab wann eine Netzstruktur in der Lösung vorliegt.

DK 678.5/.8.027.42:677.494.021.64:677.494.021.97:016

Kudrna, Miloslav

Kaltreckung von linearen Polymeren

Faserforsch. u. Textiltechnik **21** (1970) 3, S. 125—134. 9 Abb., 56 Lit.

Die hauptsächlichsten Theorien und Vorstellungen über den Mechanismus der Kaltreckung von Polymeren werden anhand der Literatur beschrieben.

DK 061.3.055.1.„1969":677.4:001.891(430.2)

Jahreskolloquien des Institutes für Textiltechnologie der Chemiefasern Rudolstadt 1969

Faserforsch. u. Textiltechnik **21** (1970) 3, S. 134—136.

Neue Bücher S. 136—138.

Patentschau S. 138—141.

Literaturschau S. 141—144.

Die Zeitschrift „Faserforschung und Textiltechnik" erscheint monatlich in Heften zu 48 Textseiten im Format A 4. Der Preis für das Einzelheft beträgt M 15,— (Sonderpreis für DDR M 9,—), für den Vierteljahrbezug M 45,— (Sonderpreis für DDR M 27,—), zuzügl. Bestellgeld. Die Berechnung erfolgt zu Beginn eines Vierteljahrs für 3 Hefte. Bestellungen aus dem Gebiet der Deutschen Demokratischen Republik an ein Postamt, eine Buchhandlung oder den Verlag, aus der Deutschen Bundesrepublik an eine Buchhandlung oder die Auslieferungsstelle Kunst und Wissen, Erich Bieber, 7 Stuttgart 1, Wilhelmstraße 4—6, aus dem Ausland an eine Importbuchhandlung, den Deutschen Buch-Export und -Import GmbH., 701 Leipzig, Postschließfach 276, oder den Akademie-Verlag GmbH., 108 Berlin, Leipziger Str. 3—4 (Fernruf: 220441; Telex-Nr. 0112020; Postscheckkonto 35021) erbeten. Bestellnummer dieses Heftes: 1014/21/3. Alleinige Anzeigenannahme DEWAG-WERBUNG, 102 Berlin, Rosenthaler Str. 28/31, und alle DEWAG-Betriebe in den Bezirksstädten der DDR. — Bestellungen in der UdSSR nehmen entgegen: Städtische Abteilungen von „SOJUZPECHATJ" bzw. Postämter und Postkontore.

Herausgeber und verantwortlich für den Inhalt: Prof. Dr. Dr. Erich Correns, Institut für Faserstoff-Forschung der Deutschen Akademie der Wissenschaften zu Berlin, 153 Teltow-Seehof, Fernruf: Teltow 4831; Prof. Dr.-Ing. habil. Wolfgang Bobeth, Institut für Technologie der Fasern der Deutschen Akademie der Wissenschaften zu Berlin, 801 Dresden, Hohe Str. 6, Fernruf: 44721; Prof. Dr.-Ing. Hans Böhringer, Institut für Textiltechnologie der Chemiefasern Rudolstadt, Fernruf: Rudolstadt 2031; Prof. Dr. Hermann Klare, Prof. Dr. habil. Burkart Philipp und Dr. Christian Ruscher, Institut für Faserstoff-Forschung der Deutschen Akademie der Wissenschaften zu Berlin, 153 Teltow-Seehof, Fernruf: Teltow 4831. Schriftleiter: Joachim Brämer und Dipl.-Chem. Ingeborg Ruscher, 153 Teltow-Seehof, Kantstr. 55. Verlag: Akademie-Verlag GmbH., 108 Berlin, Leipziger Str. 3—4. Satz und Druck: Druckhaus „Maxim Gorki", 74 Altenburg. — Veröffentlicht unter der Lizenznummer 1280 des Presseamtes beim Vorsitzenden des Ministerrates der Deutschen Demokratischen Republik.

Faserforschung und Textiltechnik

WISSENSCHAFTLICH-TECHNISCHE ZEITSCHRIFT FÜR DIE CHEMIEFASER- UND TEXTILINDUSTRIE

Band 21 | März 1970 | Heft 3

Zur Reaktion von Polycaprolactam mit Formaldehyd

Teil II. Analytische Bestimmung der Hydroxymethyl- und Methylensubstitution[1])[2])

Gerhard Reinisch und Hans-Heinz Ulrich[3])

Deutsche Akademie der Wissenschaften zu Berlin, Institut für Faserstoff-Forschung in Teltow-Seehof, Abt. Polykondensatfaserstoffe

DK 678.675'126:541.127.1:542.48:547.281.1:546.185—325:546.33'264:546.32'267:543.242

Analysenmethoden für formaldehydmodifiziertes Polycaprolactam werden beschrieben und beurteilt. Die Abspaltung des Hydroxymethylgruppenformaldehyds erfolgt durch 2 h Destillation unter Zusatz von 2 n Natriumcarbonatlösung oder durch unmittelbare Einwirkung alkalischer KCN-Lösung auf die formaldehydhaltige Substanz. Der in Form von Methylengruppen gebundene Formaldehyd wird nach der Hydroxymethylgruppenabspaltung durch Destillation unter Zusatz halbkonz. Phosphorsäure freigesetzt.

К вопросу о взаимодействии поликапролактама с формальдегидом

Часть II. Аналитическое определение степени замещения по оксиметильным и метиленовым группам

Описаны и обсуждены методы анализа поликапролактама, модифицированного формальдегидом. Отщепление связанного в виде оксиметильных групп формальдегида происходит в результате дистилляции в течение 2-х часов в присутствии 2 N раствора карбоната натрия или путем непосредственного воздействия щелочного раствора цианистого калия на содержащее формальдегид вещество. Связанный в виде метиленовых групп формальдегид выделяется после отщепления оксиметильных групп в результате дистилляции в присутствии полуконцентрированной фосфорной кислоты.

Reaction of Polycaprolatam with Formaldehyde

Part II. Analytical Determination of Hydroxymethyl and Methylene Substituents

Analytical methods to be applied to polycaprolactam modified by formaldehyde are described and assessed. The separation of formaldehyde bound in hydroxymethyl groups is achieved by 2 h destillation with sodium carbonate solution added or by immediate attack of 2 n alcaline solution of KCN. The formaldehyde bound in methylene groups was separated by destillation with semiconc. phosphoric acid added after splitting off the hydroxymethyl groups.

1. Problemstellung

Die große Zahl der Publikationen über Formaldehydreaktionen von Polycaprolactam (vgl. Teil I) darf nicht darüber hinwegtäuschen, daß es bislang nur wenige quantitative Analysen des Reaktionsablaufs und der Reaktionsprodukte gibt. Wir haben uns eben dieser Problematik angenommen. Unser eigentliches Ziel waren kinetische Analysen der Additionsreaktion von Formaldehyd an Fäden und der Thermolyse der Hydroxymethylgruppen von so modifizierten Fadenmaterialien. In diesem Teil beschreiben wir die für die kinetischen Untersuchungen erarbeiteten Analysenmethoden. Da die bisher publizierten Analysenverfahren weder eine exakte selektive Bestimmung der zu erwartenden Gruppierungen

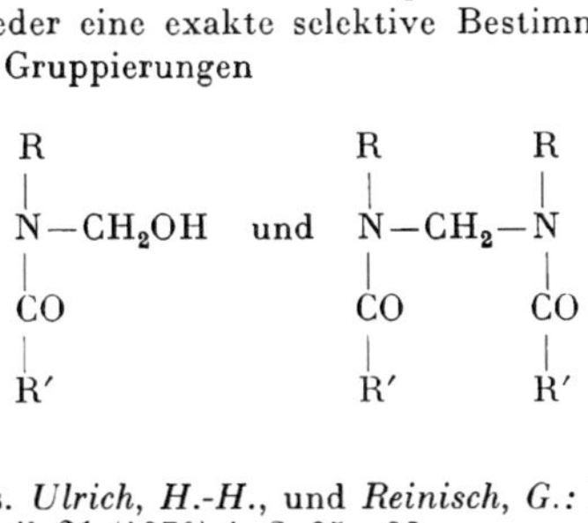

zuließen, noch überhaupt die Aussagesicherheit von Methoden zur Gesamtformaldehydbestimmung an modifizierten Polyamiden bekannt war, haben wir diese Lücken durch analysenmethodische Untersuchungen geschlossen.

2. Bestimmung des Gesamtformaldehydgehaltes

Nach Literaturangaben kann an Polyamid gebundener Formaldehyd sowohl unmittelbar in sauren Hydrolyselösungen [77, 78] als auch nach Wasserdampfdestillation solcher Hydrolysate [12, 79, 80] bestimmt werden. Wir entschieden uns für eine Wasserdampfdestillationsmethode. Der Aufschluß erfolgte nach *Grad* und *Dunn* [81] mit halbkonz. Phosphorsäure, wobei während der Destillation in einer *Kjeldahl*-Apparatur Wasserdampf durch die Hydrolyselösung geleitet wurde. Bei allen Bestimmungen wurde so destilliert, daß während 2 h etwa 300 ml Kondensat erhalten wurden. Dabei wurde überschüssige alkalische KCN-Lösung vorgelegt [80]. Unverbrauchtes Cyanid wurde mercurometrisch nach *Pfeil* und *Schroth* [82] bestimmt.

Bei neun Einzelbestimmungen an der gleichen Modifizierungscharge von formaldehydbehandeltem Polycaprolactam (Tabelle 1) betrug der Variationskoeffizient $V = 1{,}4\%$. Im Sumpf konnte nach 2 h Destillation mit Chromotropsäure kein Formaldehyd mehr nachgewiesen werden. Dagegen treten, wie wir auch bei Modellversuchen feststellten, Formaldehydverluste während des Aufschlusses und der Destillation auf. Jeweils

[1]) Teil I. s. *Ulrich, H.-H.*, und *Reinisch, G.*: Faserforsch. u. Textiltechnik **21** (1970) 1, S. 25—32.

[2]) 9. Mitt. über Probleme der Polyamidchemie. 8. Mitt.: *Reinisch, G.*, und *Dietrich, K.*, European Polymer Journal im Druck.

[3]) Vgl. auch die beabsichtigte Dissertation H. H. Ulrich, Friedrich-Schiller-Universität Jena 1970.

Tabelle 1. Gesamtformaldehydbestimmung an formalisiertem Polycaprolactam nach Destillation unter Phosphorsäurezusatz

Nr	Einwaage mg	Verbrauch n/10 KCN ml	Gesamtformaldehyd Masse%
1	277,3	2,24	2,42
2	275,2	2,19	2,39
3	310,2	2,41	2,33
4	301,9	2,39	2,38
5	303,5	2,44	2,41
6	300,7	2,43	2,43
7	299,0	2,42	2,43
8	359,3	2,94	2,46
9	342,5	2,82	2,47

$\bar{x}$ = 2,41 Masse%
s = 0,04 Masse%

10 ml einer stark verdünnten, wäßrigen Formaldehydlösung wurden einmal direkt nach *Pfeil* und *Schroth*, dann nach 2 h Destillation mit Wasser, halbkonz. Phosphorsäure allein und unter Zusatz von 100 mg ε-Aminocapronsäure oder Caprolactam analysiert. Die Zahlenangaben in Tabelle 2 sind Durchschnittswerte aus jeweils vier Einzelbestimmungen.

Formaldehydverluste durch irreversible Kondensation des Formaldehyds mit den Hydrolyseprodukten des Polycaprolactams können ausgeschlossen werden, da sich die durch Destillation mit reiner Phosphorsäure und Phosphorsäure unter Zusatz von Caprolactam und Aminocapronsäure erhaltenen Werte (Tabelle 2; III bis V) nicht signifikant unterscheiden. Die Differenz zwischen Direktbestimmung und Bestimmung nach Behandlung mit Phosphorsäure dürfte hauptsächlich auf Autoxydation des Formaldehyds während des Erhitzens zurückzuführen sein. Die gleiche prozentuale Abweichung zwischen beiden Bestimmungsmethoden trat bei N-Hydroxymethylcaprolactam [12] auf (Tabelle 3). Berücksichtigt man diese Abweichungen bei der Formaldehydbestimmung an formalisiertem Polycaprolactam, dann beträgt der Korrekturfaktor 1,030.

Tabelle 3. Formaldehydbestimmung an N-Hydroxymethylcaprolactam

	Methode: direkt nach *Pfeil* und *Schroth*	Methode: Destillation mit halbkonz. H_3PO_4, dann nach *Pfeil* und *Schroth*
Zahl der Einzelbestimmungen	12	17
Gefundener CH_2O $\bar{x}$ in Masse%	20,96	20,35
s in Masse%	0,18	0,39
Variationskoeffizient V in %	0,9	1,9
% des durch Direktbest. gef. CH_2O	100	97,09

$C_7H_{13}O_2N$ (F: 60°C) gef. N 9,76; 9,77%
ber. CH_2O 20,97 N 9,78%

Tabelle 2. Formaldehydbestimmung einer wäßrigen Lösung

Methode	Gefundener CH_2O mg $\bar{x}$	s	Variationskoeffizient V %	% des durch Direktbestimmung gefundenen Formaldehyds
I	16,27	0,03	0,2	100
II	16,04	0,02	0,1	98,58
III	15,78	0,07	0,4	96,99
IV	16,00	0,15	0,9	98,34
V	15,74	0,10	0,6	96,74

I Direkt nach *Pfeil* und *Schroth* [82] (vgl. auch [84]).
II Destillation mit Wasser und weiter wie bei I.
III Destillation mit halbkonz. H_3PO_4 und weiter wie bei I.
IV Destillation mit halbkonz. H_3PO_4 in Anwesenheit von 100 mg ε-Caprolactam und weiter wie bei I.
V Destillation mit halbkonz. H_3PO_4 in Anwesenheit von 100 mg ε-Aminocapronsäure und weiter bei I.

3. Bestimmung des Hydroxymethylgruppenformaldehyds durch Destillation unter Natriumcarbonatzusatz

Die bisher publizierten Methoden zur Hydroxymethylgruppenbestimmung an formaldehydmodifizierten Polyamiden [55, 77] erwiesen sich als ungeeignet für Analysen mit relativ geringen Einwaagen (0,5 bis 1 g).

Wir untersuchten die alkalische Verseifung der Hydroxymethylgruppen unter gleichzeitiger destillativer Abtrennung des freigesetzten Formaldehyds auf ihre Brauchbarkeit für analytische Zwecke. Die Versuche wurden mit 2 n Soda-Lösung in der zur Gesamtformaldehydbestimmung benutzten Apparatur vorgenommen. Destillation sowie titrimetrische Formaldehydbestimmung erfolgten in der gleichen Weise (Tabelle 4).

Die gleiche Differenz zum theoretischen Wert wurde bereits bei der Formaldehydbestimmung an N-Hydroxymethylcaprolactam nach Destillation unter Phosphorsäurezusatz beobachtet (vgl. Tabelle 3). Dasselbe Bild ergibt sich, vergleicht man die nach beiden Bestimmungsmethoden bei wäßriger Formaldehydlösung auftretenden Formaldehydverluste (Tabelle 5).

Von je 10 ml einer stark verdünnten wäßrigen Formaldehydlösung wurde der Formaldehydgehalt einmal

Tabelle 4. Hydroxymethylgruppenbestimmung an Hydroxymethylcaprolactam durch Destillation unter Natriumcarbonatzusatz

Nr.	Einwaage mg	Gef. Formaldehyd Masse %
1	53,0	20,00
2	50,3	20,38
3	107,4	20,01
4	125,0	20,23
5	110,0	20,43
6	113,1	20,72
7	102,0	20,91

$\bar{x}$ = 20,38 Masse%
s = 0,38 Masse%
V = 1,7%

$C_7H_{13}O_2N$ ber. CH_2O: 20,97 Masse%

Tabelle 5. Formaldehydbestimmung einer wäßrigen Lösung

Methode	Gefundener CH_2O mg $\bar{x}$	s	Variationskoeffizient V %	% des durch Direktbest. gef. Formaldehyds
I	16,27	0,03	0,2	100
II	15,78	0,07	0,4	96,99
III	15,81	0,07	0,4	97,17

I Direkt nach *Pfeil* und *Schroth* [82].
II Destillation mit halbkonz. H_3PO_4 und dann weiter wie bei I.
III Destillation mit 2 n Na_2CO_3 und dann weiter wie bei I.

direkt nach *Pfeil* und *Schroth* [82], zum anderen nach 2 h Destillation unter Zusatz von 30 ml halbkonz. Phosphorsäure bzw. von 2 n Soda-Lösung ermittelt. Die Zahlenangaben in Tabelle 5 sind Durchschnittswerte von je vier Analysen.

Infolge der destillationsbedingten Abweichungen bei der Hydroxymethylgruppenbestimmung ergibt sich ein Korrekturfaktor von 1,030. Er stimmt mit dem für die Gesamtformaldehydbestimmung aus dem gleichen Grunde anzusetzenden Korrekturfaktor überein.

Bei reinem N-Hydroxymethylpolycaprolactam [83] wurden jeweils nach 2 h Destillation unter Zusatz von halbkonz. H_3PO_4 bzw. 2 n Na_2CO_3 die gleichen Werte erhalten (Tabelle 6). Der in Form von Hydroxymethylgruppen gebundene Formaldehyd kann nach der von uns angewandten Verfahrensweise auch am Polymeren bis auf die während der Destillation auftretenden Verluste (vgl. Tabelle 5) quantitativ erfaßt werden.

Um die Stabilität der Methylenbrücken gegenüber der Sodabehandlung zu prüfen, wurde als Modellsubstanz N,N'-Methylenbiscaprolactam mit 30 ml 2 n Natriumcarbonat in der gleichen Weise wie zur Gesamtformaldehydbestimmung erhitzt und der übergetriebene Formaldehyd nach *Pfeil* und *Schroth* [82] bestimmt (Tabelle 7).

Aus dem Ergebnis dieser und der in den Tabellen 4 bis 6 aufgeführten Formaldehydbestimmungen nach Destillation mit Natriumcarbonatzusatz sowie der Tatsache, daß am formaldehydmodifizierten Polyamid beim Erhitzen mit 2 n Soda-Lösung nach 2 h ein konstanter Rest- (=Methylen-) Formaldehydgehalt erreicht wird

Tabelle 6.
Formaldehydbestimmung an N-Hydroxymethylpolycaprolactam

	Methode: Destillation mit halbkonz. H_3PO_4, dann nach *Pfeil* und *Schroth*	Methode: Destillation mit 2 n Na_2CO_3, dann nach *Pfeil* und *Schroth*
Zahl der Einzelbestimmungen	5	5
Gefundener CH_2O $\bar{x}$ in Masse%	2,05	2,06
s in Masse%	0,05	0,03
Variationskoeffizient V in %	2,4	1,4

Material der gleichen Modifizierungscharge.

Tabelle 7. Formaldehydbestimmung an N,N'-Methylenbiscaprolactam durch Destillation mit 2 n Na_2Co_3

Nr.	Einwaage mg	Gefundener Formaldehyd Masse%
1	105,3	0,04
2	94,3	0,02
3	116,6	0,00
4	99,3	0,00

$C_{13}H_{22}N_2O$ gef. N 11,69 Masse%
ber. CH_2O 12,60 Masse% N 11,76 Masse%

(vgl. Tabelle 9), ist ersichtlich, daß unter den gewählten Destillationsbedingungen der Hydroxymethylgruppenformaldehyd vollständig abgespalten wird, während die Methylenvernetzungen intakt bleiben.

Bei fünf Einzelbestimmungen an der gleichen Modifizierungscharge betrug der Variationskoeffizient V= 2,1% (Tabelle 8).

Tabelle 8. Hydroxymethylgruppenbestimmung an formaldehydmodifiziertem Polycaprolactam durch Destillation unter Natriumcarbonatzusatz

Nr.	Einwaage mg	Gefundener Formaldehyd Masse%
1	583,7	2,38
2	561,4	2,39
3	540,8	2,38
4	456,5	2,27
5	647,6	2,34

$\bar{x}$ = 2,35 Masse%
s = 0,05 Masse%

Material vom gleichen Ansatz.

Tabelle 9. Formaldehydbestimmung durch Destillation unter H_3PO_4-Zusatz an mit 2n Sodalösung erhitztem, formalisiertem Polycaprolactam

Nr.	Erhitzungsdauer h	Gefundener Formaldehyd Masse%
1	2	0,71
2	2	0,76
3	2	0,78
4	8	0,80
5	8	0,75
6	8	0,76
7	8+	0,84
8	8+	0,79
9	14	0,82
10	14	0,87
11	14	0,80
12	14	0,73
13	16++	0,78

Material vom gleichen Ansatz.
gef. CH_2O vor dem Erhitzen mit Natriumcarbonat: 2,35; 2,43 Masse%
+ Die Probe wurde 2 h mit Soda erhitzt, aus der Lösung entfernt und mit dest. Wasser gewaschen. Diese Operation wurde mit jeweils neuer Natriumcarbonatlösung dreimal wiederholt.
++ Die Probe wurde zweimal 8 h mit jeweils 30 ml 2 n Natriumcarbonatlösung erhitzt.

4. Bestimmung des Methylengruppenformaldehydgehaltes

Da durch alkalische Hydrolyse die Hydroxymethylgruppen quantitativ abgespalten werden, kann der restliche, in Form von Methylenbrücken gebundene Formaldehyd daher nach unserer Methode zur Gesamtformaldehydbestimmung ermittelt werden. Man verfährt folgendermaßen:

0,5 bis 1 g des zu untersuchenden Materials werden mit 30 ml 2 n Sodalösung in einem 100-ml-Rundkolben (NS 29) mit aufgesetztem Rückflußkühler in einem auf 110 °C gehaltenen Ölbad erhitzt, aus der Hydrolyselösung entfernt, wiederholt mit kaltem und warmem Wasser gewaschen, getrocknet und dann der Formaldehydgehalt nach Destillation mit Phosphorsäure bestimmt.

Nach einer Sodabehandlung von 2 h ist bereits ein konstanter Restformaldehydgehalt erreicht (Tabelle 9).

Tabelle 10 zeigt den systematischen Fehler dieser Methode. Die Erhitzungsdauer mit 2 n Sodalösung betrug 4 h.

5. Hydroxymethylgruppenbestimmung ohne Destillation

Nachdem *de Jong* [84] mit alkalischer Kaliumcyanidlösung [82] an einem hydroxymethylgruppenhaltigen, wasserunlöslichen Harnstoff/Formaldehyd-Kondensat direkt die Hydroxymethylgruppen bestimmte und das gleiche Verfahren bei N-Hydroxymethylcaprolactam ausgezeichnete Resultate lieferte (vgl. Tabelle 3), wurde diese Methode auch versuchsweise auf formaldehydmodifiziertes Polycaprolactam angewandt.

Eine genau abgewogene Menge mit Formaldehyd behandelten Polycaprolactams, die etwa 0,2 bis 0,5 m mol Hydroxymethylgruppen enthält, wurde in einem 100-ml-*Erlenmeyer*-Kolben (NS 29) mit 10 ml 0,1 n KCN und 4 ml 2 n KOH übergossen, die angegebene Zeit bei Zimmertemperatur verschlossen stehengelassen und der Cyanidüberschuß mit 0,1 n $Hg(NO_3)_2$-Lösung zurücktitriert (Tabelle 11). Eine Beschleunigung der Hydroxymethylgruppen-Abspaltung durch Temperaturerhöhung ist nicht möglich, da sich der Titer der alkalischen KCN-Lösung bei 35 °C schon nach 24 h ändert.

Der Cyanidverbrauch, Grundlage zur Berechnung des Hydroxymethylgruppengehaltes, bleibt ab 72 h ebenso wie der im Polyamid verbleibende Restformaldehyd

Tabelle 10. Methylengruppenformaldehydbestimmung an formalisiertem Polycaprolactam nach der Soda-Methode

Nr.	Einwaage mg	Methylenformaldehyd Masse%
1	778,6	1,00
2	642,7	0,99
3	686,0	0,88
4	671,2	0,91
5	783,1	0,94
6	717,6	0,92

$\bar{x}$ = 0,94 Masse%
s = 0,05 Masse%
V = 5,3%

Proben der gleichen Modifizierungscharge.

Tabelle 11. Hydroxymethylgruppenbestimmung an formaldehydmodifiziertem Polycaprolactam mit alkalischer Kaliumcyanid-Lösung

Nr.	Reaktionszeit h	Einwaage mg	Gef. Hydroxymethylgruppenformaldehyd Masse%	Restformaldehyd Masse%
1	24	391,5	2,28	1,36
2	24	333,6	2,28	1,32
3	48	373,4	2,37	1,33
4	48	372,5	2,30	1,37
5	72	356,7	2,48	1,29
6	72	394,9	2,46	1,04
7	72	334,8	2,54	1,14
8	72	386,8	2,52	1,14
9	168	308,5	2,50	1,18
10	168	325,1	2,52	1,24

Material der gleichen Modifizierungscharge.

gef.	Gesamtformaldehyd	3,56 Masse%
	Hydroxymethylgruppenformaldehyd nach Destillation unter Na_2CO_3-Zusatz	2,46 Masse%
	Methylengruppenformaldehyd nach Soda-Methode	1,06 Masse%
ber.	Hydroxymethylgruppenformaldehyd (Differenz: Gesamt-/Methylen-CH_2O)	2,50 Masse%

(= Methylengruppenformaldehyd), der durch Destillation mit halbkonz. Phosphorsäure bestimmt wurde, konstant. Die auf diese Weise erhaltenen Werte für in Form von Hydroxymethyl- bzw. Methylengruppen gebundenem Formaldehyd stimmen gut mit Parallelbestimmungen nach der Sodamethode überein (Tabelle 11).

N,N'-Methylenbiscaprolactam ist bei Zimmertemperatur gegenüber alkalischer Cyanidlösung beständig. Noch nach einer Woche konnte die gesamte Cyanidmenge mit 0,1 n $Hg(NO_3)_2$ zurücktitriert werden. Die Methode zur Formaldehydbestimmung nach *Pfeil* und *Schroth* [82] ist also in der von uns modifizierten Weise geeignet, am formaldehydmodifizierten Polycaprolactam den Hydroxymethylgruppenformaldehyd selektiv und quantitativ zu erfassen.

Bei acht Einzelbestimmungen (Behandlungsdauer mit alkalischer KCN-Lösung: 72 h) an der gleichen Modifizierungscharge betrug der Variationskoeffizient V = 3,3 % (Tabelle 12).

Tabelle 12. Hydroxymethylgruppenbestimmung an formaldehydmodifiziertem Polycaprolactam mit alkalischer Kaliumcyanid-Lösung

Nr.	Einwaage mg	Gef. Hydroxymethylgruppenformaldehyd Masse%
1	342,7	2,07
2	343,2	2,22
3	341,2	2,11
4	347,4	2,02
5	344,4	2,07
6	342,0	2,00
7	344,0	2,14
8	346,0	2,13

$\bar{x}$ = 2,10 Masse%
s = 0,07 Masse%

Tabelle 13. Vergleich der nach verschiedenen Methoden zur Formaldehydbestimmung erhaltenen Variationskoeffizienten

Methode	Variationskoeffizient %
Gesamtformaldehydbestimmung	1,4
Hydroxymethylgruppenformaldehydbestimmung mit Natriumcarbonat	2,1
Hydroxymethylgruppenbestimmung ohne Destillation	3,3
Methylengruppenformaldehydbestimmung nach Hydroxymethylgruppenabspaltung	5,3

6. *Schlußbemerkung*

Vergleicht man die Methoden zur Bestimmung des gesamten und des in Form der funktionellen Gruppen gebundenen Formaldehyds, so schneidet die direkte Methylengruppenbestimmung am schlechtesten ab (Tabelle 13).

Es ist also zweckmäßig, Gesamt- und Hydroxymethylgruppenformaldehyd zu bestimmen und daraus die Menge des als Methylenbrücken gebundenen Formaldehyds zu errechnen.

Der Substitutionsgrad in mol/100 Grundmol wird nach folgenden Formeln berechnet:

a) für Hydroxymethylgruppen

$$S_{-CH_2OH} = \frac{376{,}7 \cdot b}{100 - b - c} \quad \text{und}$$

b) für Methylengruppen

$$S_{-CH_2-} = \frac{941{,}5 \cdot c}{100 - b - c},$$

wobei b der Hydroxymethylgruppenformaldehyd in Masse% und c der Methylengruppenformaldehyd in Masse% × 0,4 ist.

Frl. *B. Binder* und Fr. *K. Schnaubelt* danken wir für experimentelle Mithilfe.

Literatur

[1] bis [76] s. Teil I. Faserforsch. u. Textiltechnik **21** (1970) 1, S. 25–32.
[77] *Clasper, M.*, und *Haslam, J.*: The analysis of nylon and related polymers. Analyst **74** (1949) S. 224–237.
[78] *Bruck, S. D.*: Determination of methylene groups in disulfide and methylene sulfide crosslinks in polycaprolactam fibers. J. Res. nat. Bur. Standards A **66** (1962) S. 251–254.
[79] *Nitschmann, H.*, und *Hadorn, H.*: Über eine Methode zur quantitativen Bestimmung des Formaldehyds in mit Formalin gehärtetem Casein. Helv. chim. Acta **24** (1941) S. 237–242.
[80] Vgl. *Shreve, O.*, in: Organic Analysis. New York und London: Interscience Publ. 1956, Bd. 3, S. 473.
[81] *Grad, P. P.*, und *Dunn, R. J.*: Determination of mole ratio of urea to formaldehyde in their condensation products. Analytic. Chem. **25** (1953) S. 1211–1214.
[82] *Pfeil, E.*, und *Schroth, G.*: Mercurimetrische Formaldehydbestimmung. Z. analyt. Chemie **134** (1951/52) S. 333 bis 334.
[83] *Reinisch, G.*, und *Ulrich, H.-H.*, unveröffentlicht.
[84] *De Jong, J. I.*: Determination of methylol groups in condensates of urea and formaldehyde. Rec. Trav. chim. Pays-Bas **72** (1953) S. 653–654.

Eingegangen am 25. September 1969

Zur Inhibierung der thermischen Verfärbung des Polyacrylnitrils

Jürgen Runge und Wally Nelles
VEB Chemische Werke Buna, 4212 Schkopau, Direktion für Forschung und Entwicklung
Direktor: Dr. C. Bischof

DK 678.745.32:[677.019.17:541.12.036]:541.128.4:542.953:547.462.3'312:547.462.3'054.1

Die Verfärbung, die Polyacrylnitril im Temperaturbereich von 120 bis 220 °C erleidet, wird, soweit sie auf die nucleophil initiierte Kondensation der Nitrilgruppen zurückzuführen ist, durch Maleinsäureanhydrid und durch Maleinimid und dessen N-Substitutionsprodukte wirksam inhibiert.

К вопросу об ингибировании термического потемнения полиакрилонитрила

Потемнение полиакрилонитрила, наблюдаемое в области температур от 120 до 220 °C, насколько оно связано с нуклеофильно инициированной конденсацией нитрильных групп, эффективно ингибируется малеиновым ангидридом, малеинимидом и его N-замещенными.

Inhibition of the Thermal Discolouration of Polyacrylonitrile

The discolouration of polyacrylonitrile between 120 and 200 °C is, as far as it is caused by nucleophilic initiated condensation of nitrile groups, effectively inhibited by maleic acid, maleimide and its N-substituted derivatives.

1. *Einleitung*

Die strukturellen Ursachen der Verfärbung, die Polyacrylnitril bei thermischer Behandlung erleidet, sind seit 1950 [1] Gegenstand zahlreicher Untersuchungen gewesen. Bezeichnend für die offensichtliche Kompliziertheit des Verfärbungsvorganges ist, daß noch in jüngster Zeit neues Beweismaterial zu modifizierten Gesichtspunkten geführt hat. Von fasertechnischem Interesse sind Verfärbungsreaktionen, die bei verhältnismäßig tiefen Temperaturen ablaufen und für die eine obere Grenze von etwa 220 °C anzusetzen ist. Für diesen Temperaturbereich dürften heute zwei parallel zueinander verlaufende Mechanismen in ihren Grundzügen allgemein anerkannt sein. *N. Grassie* u. Mitarb. [2] erkannten als Ursache der Verfärbung die nucleophil initiierte Kondensation der Nitrilgruppen entlang der Polymerkette, die zu Hydronaphthyridinstrukturen mit konjugierten

(−C=N−)-Sequenzen als Chromophor (Formelbild 1) führt. Die Temperierung führten sie unter Hochvakuum aus.

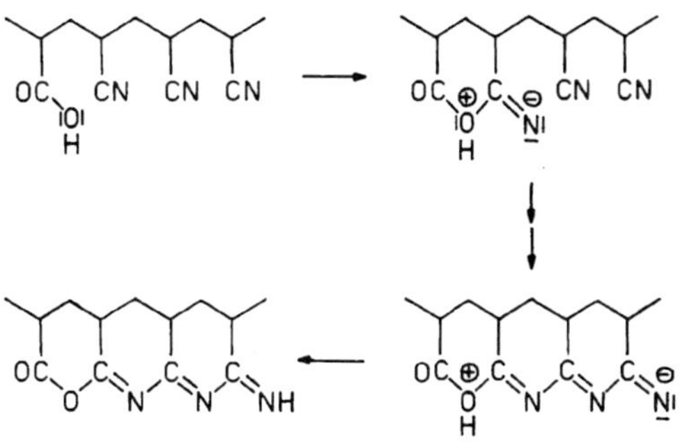

Formelbild 1

A. A. Berlin u. Mitarb. [3] und später *W. Fester* [4] erbrachten Beweise für eine oxydative Dehydrierung der Kohlenstoffkette beim Erhitzen an der Luft (Formelbild 2), nachdem *R. T. Conley* und *J. F. Bieron* [5] schon vorher die Möglichkeit eines oxydativen Angriffs an der Kohlenstoffkette diskutiert hatten. In jüngster Zeit ist es *W. Makschin* [6] gelungen, beide Prozesse experimentell zu trennen bzw. nacheinander ablaufen zu lassen.

Formelbild 2

Als nucleophiler Initiator der Nitrilgruppenkondensation wurde von *N. Grassie* vor allem die Carboxylgruppe erkannt. Sie muß in landläufigem Polyacrylnitril als Folge von Hydrolyse stets in geringer Konzentration als gegenwärtig angenommen werden. Weiterhin kommen als Initiatoren Imid- und Amidgruppen als Produkte einer Teilhydrolyse, letztere gegebenenfalls auch als Hydrolyseprodukte von Keteniminstrukturen [6], und darüber hinaus β-Iminonitril- und β-Ketonitrilgruppierungen als Folge anomalen Kettenwachstums während der Polymerisation bzw. als Folge von Oxydationsvorgängen [7] in Betracht.

2. *Inhibierung der Nitrilgruppenkondensation*

Die Frage nach Möglichkeiten einer Inhibierung des *Grassie*schen Mechanismus, auf den wir uns zunächst konzentriert haben, präzisiert sich zur Frage nach Verbindungen, die in der Lage sind, mit den genannten Initiatoren oder mit einer frühen Zwischenstufe der „Reißverschluß"reaktion zu reagieren, ehe diese zu einem ausgedehnten Chromophor geführt hat.

Bei der Nachprüfung von Angaben der Patentliteratur über die Stabilisierung von PAN[1]) fiel die besonders gute Wirksamkeit der Maleinsäure (MS) und des Maleinsäureanhydrids (MSA) [8] ins Auge. MSA war daher zum Ausgangspunkt der nachfolgenden Untersuchungen gewählt worden.

2.1. *Experimentelles*

Zur Bestimmung der Wirksamkeit eines möglichen Inhibitors wurde dieser dem Polymerisat zugemischt, das Gemisch unter standardisierten Bedingungen erhitzt und danach dessen Farbtiefe über eine Reflexionsmessung ermittelt. Die verwendeten Polymerisate waren durchweg Suspensionspolymerisate, und zwar im Falle der Homopolymerisate und des Acrylnitril-Vinylacetat-Copolymerisates technische Produkte, im Falle der übrigen Copolymerisate Labormuster. Die rel. Molekülmassen bewegten sich stets in derselben Größenordnung.

Die zu prüfende, sorgfältig gereinigte Substanz wurde gemörsert und mit dem Polymerisat (Korngröße < 0,2 mm) in einer Kugelmühle 2 h lang gemischt. Nach erneutem Sieben wurden etwa 20 cm³ des Gemisches in ein Reagenzglas von 180 mm Länge und 19 mm Durchmesser eingefüllt und durch Aufstoßen so verdichtet, daß sich eine Einfüllhöhe von 60 mm ergab. Mehrere solcher Proben wurden zusammen in einen mit Öl gefüllten, mit einem Rührer versehenen, mit einer Lochplatte abgedeckten und auf 180 °C vorgeheizten Thermostaten so eingehängt, daß die Eintauchtiefe 110 mm betrug. Um die Temperierung den Umständen, unter denen PAN-Fasern eine Erwärmung erfahren können, anzupassen, wurde auf Luftabschluß verzichtet. Die Erhitzungsdauer betrug 60 min. Danach wurden die Probengläser zur Abkühlung 1 h lang in ein verdecktes Gefäß gestellt.

Die leicht zusammengebackene Mischung wurde pulverisiert, gesiebt und mittels eines Zeiß-Leukometers unter Verwendung eines Blaufilters (459 nm, Halbwertsbreite 42) der Reflexionsmessung unterworfen. Bezugsstandard war frisch gefälltes MgO mit einem Remissionsgrad von 96,4%. Wir begnügten uns mit dieser vereinfachten „Weißgehalts"-messung bei blauem Licht. Die Reproduzierbarkeit der Bestimmung war mit einer mittleren Abweichung von 1 Einheit ziemlich gut.

2.2. *Inhibierung durch Maleinsäureanhydrid*

Tabelle 1 zeigt die stabilisierende Wirkung von MSA und MS gegenüber einem technischen Homopolymerisat. Beide Verbindungen zeigen denselben guten Effekt.

Tabelle 1. Einfluß des Maleinsäureanhydrids und verwandter Verbindungen auf die thermische Verfärbung von technischen Acrylnitril-Homopolymerisat-Mustern

Verbindung Masse%	Remissionsgrad in %			
	0	0,1	0,5	1,0
Maleinsäureanhydrid	56	64	71	72
Maleinsäure	57	62	71	70
Bernsteinsäureanhydrid	58	59	57	54
Bernsteinsäure	57	58	54	54
Citraconsäureanhydrid	52	52	56	55
Itaconsäure	52	52	53	52
Fumarsäure	52	44	40	24
Δ^4-Tetrahydrophthalsäureanhydrid	56	58	56	51
Δ^1-Tetrahydrophthalsäureanhydrid	63	62	62	60
Phthalsäureanhydrid	58	55	55	53
cis-Cyclobutan-1,2-dicarbonsäure	58	57	58	57
trans-Cyclobutan-1,2-dicarbonsäure	58	55	45	47
cis-Cyclobutan-1,2-dicarbonsäure-anhydrid	56	60	56	60
Maleinsäuredimethylester	57	57	57	58
Fumarsäuredimethylester	61	59	60	60
Ca-Maleinat	58	57	58	60
Ca-Fumarat	52	52	54	56
Acrylsäure-C_{10}-Ester	52	52	54	53
Crotonsäuremethylester	63	61	62	61
Zimtsäuremethylester	57	57	57	56
Acrylsäureanhydrid	58	59	58	58
Methacrylsäureanhydrid	63	64	64	64
Zimtsäureanhydrid	58	55	42	35

[1]) Eine Zusammenfassung der Patentliteratur zur Stabilisierung des PAN in fester und gelöster Form ist in Vorbereitung.

Die Aufstellung enthält ferner eine Reihe von Verbindungen, die ihrer Struktur nach als Abwandlungen des MSA-Moleküls zu verstehen sind. Substrate sind wiederum verschiedene technische Homopolymerisate. Es zeigt sich, daß

a) Substituenten an der C,C-Doppelbindung des MSA die Wirksamkeit aufheben, wenn nicht sogar in das Gegenteil verkehren. Citraconsäureanhydrid allein zeigt einen schwach positiven Effekt;
b) sich anhydridbildende gesättigte Dicarbonsäuren indifferent verhalten oder die Verfärbung sogar fördern, ebenso wie gesättigte Anhydride selbst;
c) zur Anhydridbildung nicht befähigte Dicarbonsäuren entsprechend den *Grassie*schen Ergebnissen die Verfärbung kräftig beschleunigen;
d) offenkettige, ungesättigte Anhydride indifferent sind (s. auch Itaconsäure). Eine Ausnahme nach der negativen Seite hin macht Zimtsäureanhydrid;
e) Ester ungesättigter Säuren sich ebenfalls indifferent verhalten.

Daraus folgt, daß für die Fähigkeit des MSA, die Wärmeverfärbung des PAN zu inhibieren, die Kombination von unsubstituierter Doppelbindung und Anhydridring, sprich die durch den Anhydridring stark elektrophil gemachte Doppelbindung, essentiell ist. Die Doppelbindung als Ort der Reaktion und der nucleophile Charakter der Reaktion Initiator/MSA-Doppelbindung werden durch den Umstand, daß Alkylsubstituenten die Wirksamkeit stark verringern oder aufheben (s. dazu [9]), besonders nahegelegt. Natürlich können sterische Gründe für ein Versagen der Reaktion an der Doppelbindung nicht von vornherein ausgeschlossen werden. Wenig wahrscheinlich ist eine direkte Blockierung etwa der Carboxylgruppe. Vielmehr wird an ein Reaktionsschema entsprechend *A* in Formelbild 3 zu denken sein. Parallel zu *A* läuft mit Sicherheit

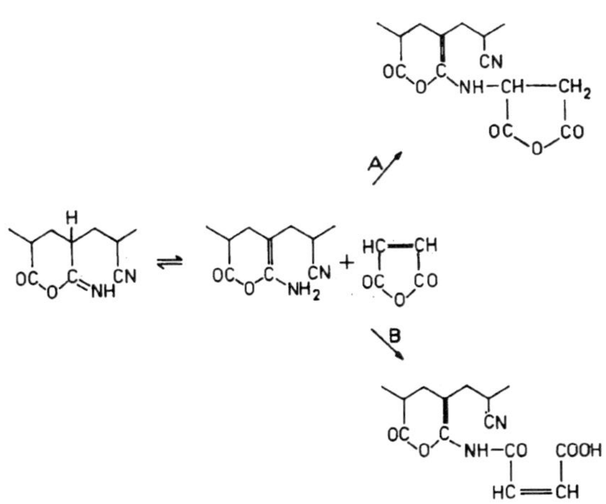

Formelbild 3

die Reaktion *B*, Öffnung des Anhydridringes, ab. Diese blockiert zwar auch die in Gang gekommene „Reißverschluß"kette, kann aber sofort Anlaß zu einer neuen sein, da sie die Bildung einer freien Carboxylgruppe zur Folge hat. *B* würde damit die Indifferenz gesättigter cyclischer Anhydride gegenüber der Wärmeverfärbung des PAN plausibel machen.

Die Wirksamkeit der MS läßt sich zwanglos durch vorhergehende Anhydridbildung erklären. Ganz sicher spielt dagegen ihre Acidität, wie *W. Fester* [10] vermutete, keine Rolle.

Auffallend ist die geringfügige Aktivität des Ca-Maleinats wie des Ca-Fumarats [11]. Ebenso überraschend ist die völlige Indifferenz des Maleinesters. Diese läßt sich indessen leicht damit erklären, daß hier die Doppelbindung wegen weitgehenden Fehlens einer Konjugation mit den Carbonylgruppen [12, 13] zu wenig elektrophil ist. Da dies sterische Gründe hat, ist die Indifferenz des Fumaresters allerdings schwer einzusehen.

2.3. *Inhibierung durch Maleinimide*

Gewisse Derivate des MSA, vor allem Maleinimid und dessen N-Substitutionsprodukte, finden eher als MSA selbst ihrer reaktiven Doppelbindung wegen verschiedenartige Verwendung, z. B. als sogenannte SH-Blocker in der Enzymchemie und allgemein als Fungizide [14]. Die stark nucleophile SH-Gruppe wird glatt an die Doppelbindung addiert. Alkohole reagieren simultan unter Addition an die Doppelbindung und Öffnung des Imidringes [15], ebenso Amine [16].

Es war daher kaum überraschend, daß Maleinimide und Bis-Maleinimide (Formelbild 4) eine kräftige, oft über die des MSA hinausgehende Aktivität als Thermo-

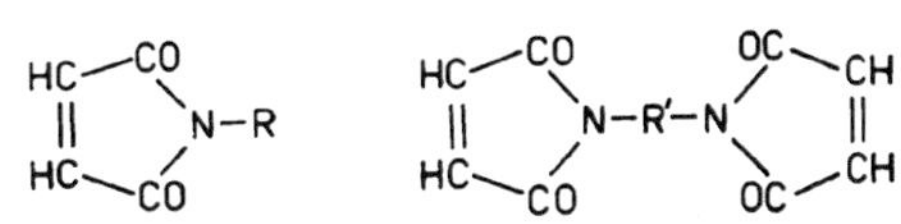

Formelbild 4

stabilisatoren für PAN entfalten [17]. Bild 1 zeigt den Einfluß einiger Maleinimide auf die Wärmeverfärbung verschiedener, unterschiedlich stabiler technischer Homopolymerisate. Es ist deutlich, daß sie besonders im Bereich kleiner Konzentrationen dem MSA überlegen sind. Den Bis-Maleinimiden muß mindestens teilweise eine doppelte Wirksamkeit zugeschrieben werden, wie an anderer Stelle gezeigt werden soll. Unterschiede in den Flüchtigkeiten der einzelnen Maleinimide (N-n-Butylmaleinimid ist z. B. flüssig) müssen in gewissem Maße in Rechnung gesetzt werden. Die Substituenten *R* und *R'* können über die angegebenen Beispiele hinaus beinahe beliebige Zusammensetzung haben, solange sie nicht Gruppen enthalten, die ihrerseits die Verfärbung fördern. *R'* kann z. B. durch die direkte N—N-Bindung ersetzt werden.

Die Stabilisierung geht in keinem Falle, auch nicht bei PAN-Mustern mit sehr guter Anfangsstabilität, über einen Remissionsgrad von 76 bis 78% hinaus. Die Restverfärbung muß, ohne daß darauf näher eingegangen werden kann, u. a. auch einer Dehydrierung im Sinne *W. Festers* [4] zugeschrieben werden. Tabelle 2 erlaubt einen besseren Vergleich der Maleinimide und des MSA, da stets das gleiche PAN-Muster zugrunde liegt.

Von besonderem Interesse ist die Verfärbungsstabilisierung bei gewissen Acrylnitrilcopolymerisaten, die bei

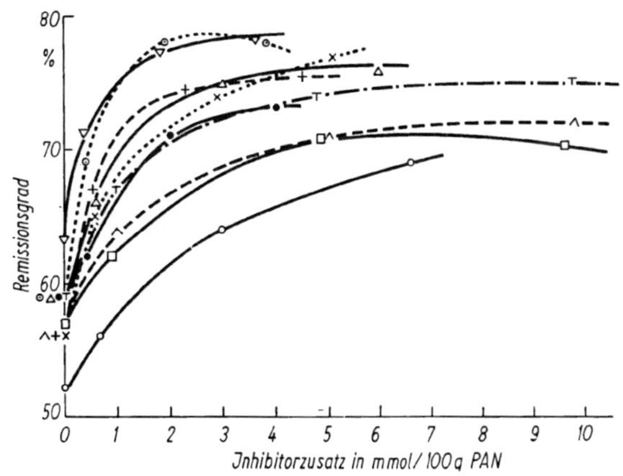

Bild 1. Einfluß von Maleinimiden auf die thermische Verfärbung von technischen Acrylnitril-Homopolymerisaten

o ——— o N-n-Butylmaleinimid
□ ——— □ Maleinsäure
^ – – – ^ Maleinsäureanhydrid
• ——— • N-(p-Bromphenyl)-maleinimid
T · — · — T Maleinimid
× ········· × N-Benzylmaleinimid
△ ——— △ N-Phenylmaleinimid
+ – – – – + N-α-Naphthylmaleinimid
▽ ——— ▽ N,N′-p-Phenylen-bis-maleinimid
⊙ ········· ⊙ N,N′-Hexamethylen-bis-maleinimid

der Faserherstellung dem Homopolymerisat wegen ihrer besseren textilen und färberischen Eigenschaften in der Regel vorgezogen werden. Die Farbstabilisierung eines handelsüblichen Acrylnitril/Vinylacetat-Copolymerisates (7% Vinylacetat) durch Maleinimide zeigt Bild 2. Vinylacetat bewirkt einen Abfall der „Thermostabilität" von ca. 60 (Homopolymerisat) auf 27%.

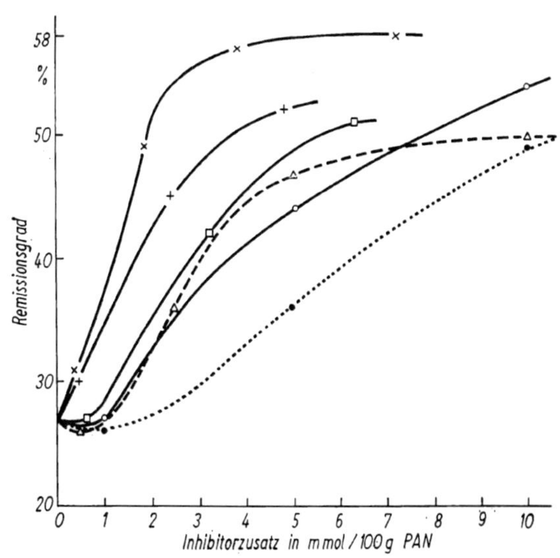

Bild 2. Einfluß von Maleinimiden auf ein technisches Acrylnitril/Vinylacetat(7%)-Copolymerisat

• ········· • Maleinsäureanhydrid
o ——— o Maleinimid
△ – – – △ N-Benzylmaleinimid
□ ——— □ N-Phenylmaleinimid
+ ——— + N-α-Naphthylmaleinimid
× ——— × N,N′-p-Phenylen-bis-maleinimid

Tabelle 2. Aktivitätsvergleich von Maleinverbindungen bei gleicher molarer Konzentration (0,001 mol/100 g PAN-Homopolymerisat)

Maleinverbindung	Remissionsgrad in %
—	52
Maleinimid	64
N-Methylmaleinimid	60
N-Phenylmaleinimid	67
N-α-Naphthylmaleinimid	68
N-β-Naphthylmaleinimid	68
N-(o-Tolyl)-maleinimid	63
N-(p-Bromphenyl)-maleinimid	60
N,N′-(p-Phenylen)bis-maleinimid	67
Maleinsäure	58
Maleinsäureanhydrid	59

Das entspricht einer Farbvertiefung von gelblich nach karamelbraun. Maleinimide vermögen diesen Stabilitätsverlust fast völlig wettzumachen. An der Spitze liegt wiederum ein Bis-Maleinimid. MSA fällt dagegen deutlich ab.

Ergebnisse an weiteren Copolymerisaten sind in Bild 3 zusammengefaßt. Saure und basische Komponenten, wie Acrylsäure und 2-Methyl-5-vinylpyridin, die der Fixierung basischer bzw. saurer Farbstoffe dienen, bewirken wie zu erwarten schon in geringer Konzentration eine empfindliche Wärmeverfärbung, die

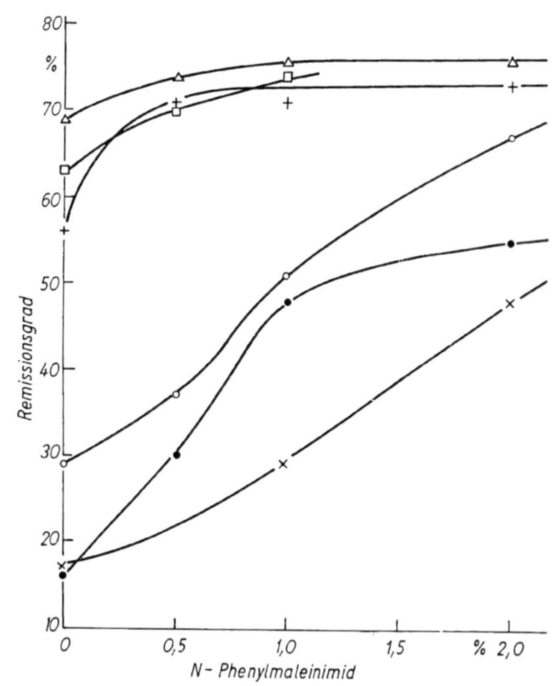

Bild 3. Thermische Stabilisierung von binären und ternären Copolymerisaten des Acrylnitrils durch N-Phenylmaleinimid

× ——— × Acrylnitril-Acrylsäure (2,5%)
• ——— • Acrylnitril-Styrol(10%)-Acrylsäure(1%)
o ——— o Acrylnitril-2-Methyl-5-vinylpyridin (1,5%)
+ ——— + Acrylnitril-Allylsulfonat-Na (1%)
□ ——— □ Acrylnitril-Acrylsäureäthylester (8%)
△ ——— △ Acrylnitril-Methacrylsäuremethylester(7%)-Styrolsulfonat-K (1%)

Tabelle 3. Einfluß maleinimidverwandter Substanzen auf die thermische Verfärbung von technischen Acrylnitril-Homopolymerisaten

Substanz (Masse%)	Remissionsgrad in %			
	0	0,1	0,5	1,0
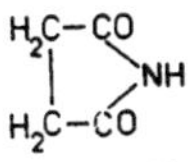	57	56	52	48
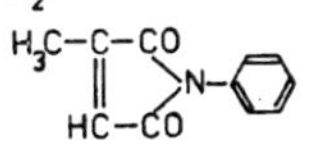	52	52	53	51
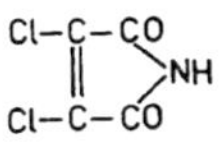	52	50	46	43
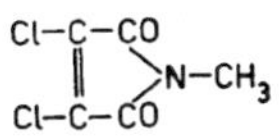	52	51	49	46
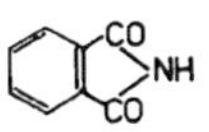	57	58	55	48
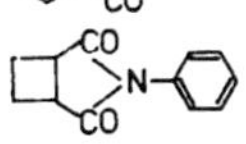	52	50	52	47
HC–CONHCH$_3$ ∥ HC–COOH	57	58	47	35
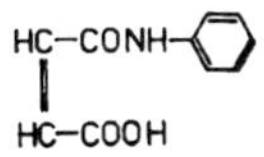	57	58	59	60

Tabelle 4. Einfluß weiterer ungesättigter Verbindungen auf die thermische Verfärbung von technischen Acrylnitril-Homopolymerisaten

Substanz (Masse%)	Remissionsgrad in %			
	0	0,1	0,5	1,0
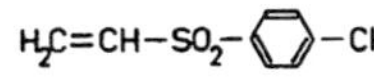	56	57	58	60
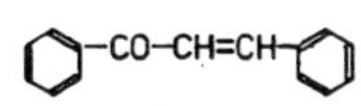	57	59	56	52
$H_2C=CH-SO_3Na$	52	55	53	52
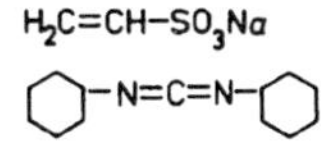	63	57	42	39
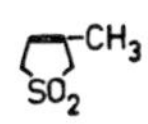	66	64	68	68
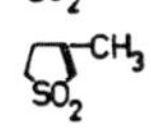	66	67	67	—
	66	64	65	68
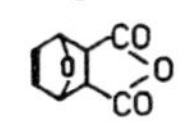	66	68	72	78
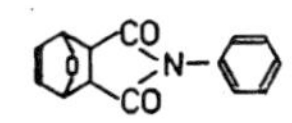	66	75	81	—
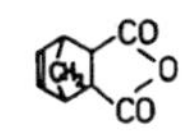	66	71	75	72
ROOC–C≡C–COOR	66	69	73	72
ROOC–N=N–COOR	66	64	60	57

durch N-Phenylmaleinimid in erheblichem Maße reduziert werden kann. Copolymerisate mit Komponenten, die die Wärmeverfärbung nicht fördern oder sogar in gewissem Maße zu inhibieren vermögen, wie z. B. stark saure ungesättigte Sulfonsäuren, Acryl- und Methacrylester und auch Styrol, erfahren nur eine geringfügige Aufbesserung ihrer thermischen Stabilität. Es fällt wiederum auf, daß unter den obwaltenden Umständen eine obere Grenze von etwa 75% nicht überschritten wird.

Analog zum MSA ist für die Wirksamkeit der Maleinimide die Kombination von Imidring und unsubstituierter Doppelbindung essentiell (Tabelle 3). Fehlen der Doppelbindung macht den Imidring zum Verfärbungsinitiator (Succinimid, Phthalimid, N-Phenylcyclobutan-1,2-dicarbonsäureimid). Substitution an der Doppelbindung hebt die Wirksamkeit völlig auf oder verkehrt sie in das Gegenteil (N-Phenylcitraconimid, Dichlormaleinimid, N-Methyldichlormaleinimid). N-Methylmaleinamidsäure wirkt wie zu erwarten als starker Verfärbungsinitiator. Nicht so N-Phenylmaleinamidsäure, die sich bekanntermaßen thermisch leicht zum Imid dehydratisieren läßt. Für den Mechanismus der Verfärbungsinhibierung gilt demnach das für MSA entwickelte Schema.

2.4. *Weitere potentielle Verfärbungsinhibitoren*

Es blieb zu prüfen, ob andersartige Systeme mit aktivierter Doppelbindung eine den Maleinimiden ähnliche Aktivität zu zeigen vermögen. Von den in Tabelle 4 zusammengefaßten Verbindungen ist dies jedoch nur für den Acetylendicarbonester in befriedigendem Maße der Fall. Einen geringfügigen Effekt zeigen p-Tolylvinylsulfon, Vinylsulfonat [18] und die drei Dien/SO_2-Addukte.

Die außerordentlich gute Wirksamkeit der drei Diels/Alder-Addukte (Furan/MSA, Furan/N-Phenylmaleinimid, Cyclopentadien/MSA) — man beachte, daß ein PAN-Muster von an sich guter Stabilität zugrunde liegt — ist mit Sicherheit auf die vorhergehende Retrodienspaltung zurückzuführen, durch deren Verzögerung eine gewisse „Depotwirkung" zustande kommen mag.

3. *Zusammenfassung*

Die Verfärbung, die PAN im Bereich von etwa 120 bis 220 °C erleidet, wird, soweit sie auf die nucleophil initiierte Kondensation der Nitrilgruppen zurückzuführen ist, durch Maleinsäureanhydrid, Maleinimid und dessen N-Substitutionsprodukte wirksam inhibiert. Bei 180 °C ist einerseits die Verfärbungsgeschwindigkeit genügend groß und andererseits die Flüchtigkeit der dem PAN-Pulver zugemischten Inhibitoren soweit erhöht, daß der Effekt eindrucksvoll zu demonstrieren ist. Er ist um so größer, je weniger thermostabil das Polymerisat ist. Die Inhibierung kommt durch nucleophile Addition des die „Reißverschluß"reaktion katalysierenden Initiators an die aktivierte Doppelbindung des Inhibitors zustande und stellt somit einen unabhängigen Beweis für den *Grassie*schen Verfärbungsmechanismus dar.

Praktische Bedeutung kommt diesen Ergebnissen in den Fällen zu, wo die Verfärbung von z. B. PAN-Fasern bei vergleichsweise hohen Temperaturen wie bei Trockenspinnprozessen hervorgerufen wird. Die Farbe von PAN-Lösungen in Dimethylformamid wird durch Maleinimide nicht beeinflußt, wohl aber durch Maleinsäureanhydrid, worüber an anderer Stelle zu berichten ist.

Herrn Dipl.-Phys. *K. Hübner* sei für die Ausführung der Reflexionsmessungen gedankt.

Literatur

[1] *Houtz, R. C.:* „Orlon" acrylic fiber: Chemistry and properties. Textile Res. J. **20** (1950) S. 786–801.
[2] *Grassie, N.,* und *Hay, J. N.:* Thermal coloration and insolubilization in polyacrylonitrile. J. Polymer Sci. **56** (1962) S. 189–202, und vorausgegangene Arbeiten.
[3] *Berlin, A. A., Dubinskaja, A. M.,* und *Moškovskij, Ju. S.:* Thermische Behandlung von in DMF gelöstem Polyacrylnitril. Vysokomol. Soed. (Hochmol. Verbind.) **6** (1964) 11, S. 1938–1943; dt. in: Sowj. Beitr. Faserforsch. Textiltechnik **2** (1965) 3, S. 116–119.
[4] *Fester, W.:* Untersuchungen über die Verfärbung von Polyacrylnitril. IV. Polymeranaloge Umsetzungen an durch Erhitzung verfärbtem Polyacrylnitril. J. Polymer Sci. Part C (1967) 16, S. 755–763, und vorausgegangene Arbeiten.
[5] *Conley, R. T.,* und *Bieron, J. F.:* Examination of the oxidative degradation of polyacrylonitrile using infrared spectroscopy. J. appl. Polymer Sci. **7** (1963) S. 1757 bis 1773.
[6] *Makschin, W.:* Untersuchungen zur thermischen Verfärbung des Polyacrylnitrils. Dissertation TH Leuna-Merseburg 1967.
[7] *Friedlander, H. N., Peebles, L. H. jr., Brandrup, J.,* und *Kirby, J. R.:* On the chromophor of polyacrylonitrile. VI. Mechanism of color formation in polyacrylonitrile. Macromolecules **1** (1968) 1, S. 79–86.
[8] Stabilized acrylonitrile polymers. Monsanto Chem. Co., St. Louis. USP 2661347 vom 26. 10. 50.
[9] *Morton, J. D.,* und *Robertson, P. W.:* The kinetics of halogen addition to unsaturated compounds. V. The α, β-unsaturated acids and hydrogen bromide catalysis. J. chem. Soc. (1945) S. 129–131.
[10] *Fester, W.:* Untersuchungen über die Verfärbung von Polyacrylnitril. III. Der Einfluß anorganischer und organischer Säuren auf die Vergilbung von Polyacrylnitril. Z. ges. Textilind. **67** (1965) 5, S. 357–361.
[11] Acrylonitrile polymers stabilized with salts of fumaric acid. Monsanto Chem. Co., St. Louis. USP 2792380 vom 14. 6. 54.
[12] *Nanu, J., Bacaloglu, R.,* und *Pop, G. R.:* Ultrarotspektren von Homo- und Copolymeren des Vinylacetats. I. Maleinsäurediester. Rev. Roumaine Chim. **11** (1966) 8, S. 975–981.
[13] *Lewis, F. M.,* und *Mayo, F. R.:* Copolymerization. IX. A comparison of some cis and trans isomers. J. amer. chem. Soc. **70** (1948) 4, S. 1533–1536.
[14] *Webb, J. L.:* Enzyme and metabolic inhibitors, Vol. 3. New York: Academic Press 1966.
[15] *Finnegan, R. A.,* und *Mueller, W. H.:* Base-catalyzed addition and solvolysis reactions of N-phenylmaleimide in methanol. J. Pharmaceut. Sci. **54** (1965) 9, S. 1257 bis 1260.
[16] *Šeremeteva, T. V.,* und *Kudrjacev, V. V.:* O dejstvii metilamina na n-metilimid citrakonovoj kisloty. Izv. Akad. Nauk SSSR (1966) S. 289–293.
[17] Verfahren zur Herstellung stabilisierter Acrylnitril-polymerisate. VEB Chem. Werke Buna, Schkopau. DWP 57075 vom 17. 3. 66.
[18] Acrylonitrile polymers stabilized with salts of vinyl sulfonic acid. Monsanto Chem. Co., St. Louis. USP 2772250 vom 14. 6. 54.

Eingegangen am 24. Oktober 1969

Über Symplexe von Cellulosederivaten

V. Mitt.: Untersuchungen zur Leitfähigkeitstitration anionischer Cellulosederivate mit polymeren Aminen[1])

Burkart Philipp und Horst Alsleben

Deutsche Akademie der Wissenschaften zu Berlin, Institut für Faserstoff-Forschung in Teltow-Seehof

DK 678.546.11:547.458.82:543.257:541.135:678.74:541.6:541.24

Die Symplexbildung der Polyelektrolyte Natriumcarboxymethylcellulose und Natriumcellulosexanthogenat mit quaternisierten Polyvinylverbindungen in wäßriger Lösung läßt sich mit Hilfe der Leitfähigkeitstitration verfolgen. Der Knickpunkt der Titrationskurve entspricht, unabhängig von der Struktur, der Substituentenverteilung und dem DP der Polyelektrolyte einem äquivalenten Verhältnis der Polyionen, sofern diese in Form ihrer Salze eingesetzt werden.

О симплексах производных целлюлозы

Сообщ. 5-е: Исследования по кондуктометрическому титрованию анионных производных целлюлозы полимерными аминами

За образованием симплексов из полиэлектролитов (Na-карбоксиметилцеллюлоза и Na-соль ксантогената целлюлозы) и четвертичных полимерных винильных соединений в водном растворе можно следить путем кондуктометрического титрования. Точка изгиба кривой титрования, независимо от структуры, распределения заместителей и СП полиэлектролитов, соответствует эквивалентному соотношению полиионов, если последние были применены в виде их солей.

On Symplexes of Cellulose Derivatives

V. Comm.: Conductometric Titration of Anionic Cellulose Derivatives with Polyamines

The formation of symplexes of the polyelectrolytes sodium cellulose xanthate and sodium carboxymethyl cellulose with quaternized polyvinyl compounds in aqueous solution can be recorded by conductometric titration. The inflection point of the titration curve proves unaffected by the structure, substituent distribution and DP of the polyelectrolytes but reflects an equivalent ratio of the polyions, provided the latter being used in the form of their salts.

1. Einführung und Zielsetzung

In unseren früher publizierten Arbeiten [1 bis 4] hatten wir die Symplexbildung, d. h. die Entstehung salzartiger Polymerfällungen bzw. Aggregationen aus Polykation und Polyanion, bei Cellulosexanthogenat und Carboxymethylcellulose mittels Trübungsmessung, Viskosimetrie und durch Analyse der präparativ erhaltenen Fällungen verfolgt, wobei als Polykation hauptsächlich Polyäthylenimin eingesetzt

[1]) IV. Mitt. s. [4]

wurde. Es lag nahe zu prüfen, welche analytischen Aussagen hier mit Hilfe einer Leitfähigkeitstitration möglich sind. Hierzu wurde uns außer einigen Angaben bei *Kramer* [5] vor allem eine Publikation von *Michaels, Mir* und *Schneider* [6] bekannt, die bei Leitfähigkeitsmessungen an Gemischen wäßriger Lösungen von Natriumpolystyrolsulfonat und Polyvinylbenzyltrimethylammoniumchlorid ein Maximum der spezifischen Leitfähigkeit bei einem Verhältnis von kationischen zu anionischen Gruppen gleich 1:1 erhalten hatten. Nachdem für dieses Paar von Polyelektrolyten bereits früher [7] die Bildung von 1:1-Symplexen auch beim präparativen Arbeiten festgestellt wurde, erscheint das Auftreten eines „ausgezeichneten Punktes" in der Leitfähigkeitskurve beim Äquivalenzverhältnis 1:1 nicht unerwartet, zumal beide Polyionen den gleichen Bau der Grundkette aufweisen und eine paarweise Ausbildung salzartiger Bindungen zwischen den ionischen Gruppen modellmäßig leicht vorstellbar ist. Neben der speziellen Problematik einer vertieften analytischen Charakterisierung technisch wichtiger anionischer Cellulosederivate war es daher ein Ziel dieser Arbeit, zu klären, welcher Leitfähigkeitsverlauf sich bei der Titration entgegengesetzt geladener Polyionen mit *unterschiedlichem* Bau der Grundkette, wie er bei den von uns bisher herangezogenen Systemen zweifellos vorliegt, ergibt und welche Rückschlüsse hieraus auf die Struktur der gebildeten Symplexe möglich sind.

2. *Angaben zur Versuchsmethodik*

Als *anionische* Polyelektrolyte verwendeten wir:

eine Reihe von *Na-Carboxymethylcellulosen* („CMC") mit unterschiedlichem Substitutionsgrad (0,5 bis 1,3) und nach [8] bestimmten DP_v (ca. 600 bis 1400), die teils als Handelsmuster vorlagen, teils nach [9] hergestellt wurden; wäßrigalkalische Lösungen von Cellulosexanthogenat („Cell-X"), hergestellt aus nach dem klassischen Verfahren erhaltenen Laborviskosen (Fichtensulfit-, Kiefernsulfat- bzw. Linterszellstoff als Ausgangsmaterial; Barattensulfidierung mit 30 bis 60% CS_2, bei einigen Ansätzen Nachsulfidierung mit 25 bzw. 40% CS_2 (auf Cellulose bezogen) während des Lösens; γ-Werte der frischhergestellten Viskosen 50 bis 130; DP_v 380 bis 600; Cellulosegehalte 6,8 bis 7,2%; NaOH-Gehalte 5,8 bis 6,2%) nach unterschiedlich intensiver Nachreife, entweder durch Verdünnen in Gegenwart der Nebenprodukte, oder nach vorheriger Entfernung von Sulfid und Thiocarbonat im CO_2-Strom nach *Fock* [10] bzw. mit Anionenaustauscher [11] [12];

eine durch radikalische Polymerisation mit Azobisisobuttersäurenitril als Initiator gewonnene *Polyacrylsäure* mit einem DP_v-Wert von 806 [13].

Als *kationische* Polyelektrolyte wurden herangezogen:

ein handelsübliches Polyäthylenimin („Polymin P" der BASF Ludwigshafen), hinsichtlich dessen Charakterisierung auf [1] verwiesen sei;

ein nach [14] hergestelltes *Polyvinyläthylpyridiniumbromid* (PVÄPBr) mit einem Quaternisierungsgrad von > 98%, das als weitgehend wasserfreies, gelblichweißes Pulver vorlag;

ein nach [15] hergestelltes *Polyvinylbenzyltrimethylammoniumchlorid* (PVBTACl) mit einem Quaternisierungsgrad von etwa 50%, wobei die glasigweiße Substanz noch etwa 1,8% Wasser enthielt;

ein nach [16] hergestelltes *Polydiallyldiäthylammoniumbromid* (PAABr) mit einem Quaternisierungsgrad von ca. 95%, wobei das gelblichweiße Präparat noch 2,5% Wasser und von der Herstellung her ca. 4% Dimethylsulfoxid enthielt;

das Handelsprodukt *„P 261"* der Fa. Calgon Corp. Pittsburgh/USA, das eine konzentrierte wäßrige Lösung eines quaternisierten Vinylpolymeren ist (N-Gehalt der sirupösen Lösung 3,6%, Cl-Gehalt 9,1%)[1]).

Zur *Leitfähigkeitstitration* verwendeten wir ein „Konduktoskop E 365 B" (Fa. Metrohm AG, Herisau/Schweiz) in Verbindung mit dem Potentiographen E 336 und einer automatischen 5-ml-Bürette E 436 E der gleichen Firma sowie einer auf 20 °C ± 0,1 grd temperierten Meßzelle aus Glas von 30 ml Fassungsvermögen, die mit einem Magnetrührer versehen war und in die wahlweise zwei verschiedene Paare platinierter Platinelektroden eingesetzt werden konnten, wobei sich nach Eichung mit $n/10$ bzw. $n/100$ KCl-Lösung Gefäßkonstanten K von 0,20 bzw. 0,39 cm^{-1} ergaben. Zur Titration wurden — falls nicht anders angegeben — 20 bzw. 25 ml einer 0,5 bis 1×10^{-2} Grundmol/l enthaltenden Lösung des anionischen Polyelektrolyten vorgelegt und mit einer ca. 3×10^{-2} Grundmol/l (bezogen auf quaternären Stickstoff) enthaltenden Lösung der kationischen Komponente titriert.

Aufgezeichnet wurde die Leitfähigkeitsänderung in Abhängigkeit vom zugesetzten Titriermittelvolumen nach vorheriger Kompensation des Leitwertes der vorgelegten Lösung. Zur Auswertung wurden diese Kurven auf die spezifische Leitfähigkeit $\varkappa$ [S cm^{-1}] umgerechnet und diese gegen das Äquivalenzverhältnis von kationischen zu anionischen Gruppen aufgetragen.

3. *Versuchsergebnisse und ihre Auswertung*

3.1. *Verlauf der Titrationskurven und seine Beeinflussung durch verschiedene Parameter*

Als typisch für die von uns erhaltenen Titrationskurven kann der in Bild 1 wiedergegebene Verlauf angesehen werden, in dem bei Zusatz des Titrationsmittels $\varkappa$ erst steil, dann langsamer ansteigt und sich dieser Anstieg recht gut durch zwei Geraden unterschiedlichen Richtungsfaktors mit einem definierten, auf etwa ± 2% des Titriermittelverbrauchs reproduzierbaren Knick-

[1]) Für die freundliche Überlassung eines Labormusters danken wir der Firma Calgon Corp. Pittsburgh/USA.

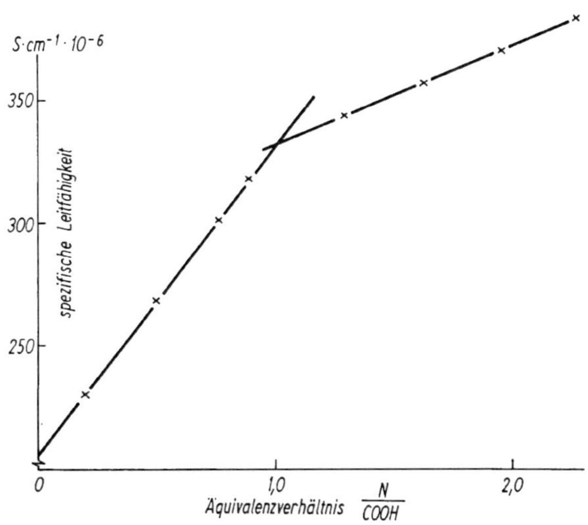

Bild 1. Änderung der spezifischen Leitfähigkeit in Abhängigkeit vom Äquivalenzverhältnis N/COOH bei Titration von Natriumcarboxymethylcellulose mit PVÄPBr in wäßriger Lösung
(titriert wurden $6{,}10 \times 10^{-5}$ mol, bezogen auf —COOH; SG d. CMC 0,78)

punkt erfassen läßt. Dieser Verlauf mit einem stets im Bereich zwischen den Äquivalenzverhältnissen $\left(=\frac{\text{äquivalente kationische Gruppen}}{\text{äquivalente anionische Gruppen}}\right)$ 0,9 und 1,1 liegenden, also annähernd einem 1:1-Symplex entsprechenden Knickpunkt wurde gleichermaßen bei der Titration von CMC, reinem Cell-X und Natriumpolyacrylat mit sämtlichen hier verwendeten polymeren quaternären Ammoniumverbindungen beobachtet, wobei der pH-Wert der Ausgangslösungen bei 7 bis 8, nach der Titration in Gegenwart eines Überschusses an kationischer Komponente im gleichen Bereich lag. Unterschiede zwischen den einzelnen Systemen zeigten sich lediglich in der Steilheit der erhaltenen Geraden sowohl vor als auch nach dem Knickpunkt. Bei Erhöhung der Titrationstemperatur nahm im Bereich zwischen 20 und 80 °C die Steilheit beider Geradenabschnitte zu, ohne daß sich am prinzipiellen Verlauf oder an der Lage des Knickpunktes etwas Wesentliches änderte (Bild 2). Auch eine Variation der Titriergeschwindigkeit bleibt in recht weiten Grenzen ohne Einfluß auf das Ergebnis (Bild 3).

Einige orientierende Versuche mit Sulfopropylcellulose (vgl. [17]) und PVÄPBr ergaben einen analogen Kurvenverlauf, wobei der Knick allerdings schon bei einem Äquivalenzverhältnis von $\sim 0{,}8$ auftrat. Ein Vertauschen der Komponenten (Lösung von PVÄPBr vorgelegt, Lösung von Na-CMC als Titrationsmittel zugegeben) änderte ebenfalls nichts am grundsätzlichen Kurvenverlauf. Auch mit Polyäthylenimin als kationischer Komponente wurde ein Leitfähigkeitsanstieg beobachtet, ohne daß sich jedoch ein definierter Knickpunkt erkennen ließ. Ursache hierfür könnten sein einmal der erhebliche pH-Anstieg bei Zusatz der Polyäthyleniminlösung zu dem hier stets verwendeten ungepufferten System, zum anderen die gleichzeitige Anwesenheit mehrerer N-Funktionen unterschiedlicher Basizität ($-NH-$; $-NH_2$; $-N\langle$) im stark verzweigten Makromolekül dieses kationischen Polyelektrolyten (vgl. [1]). Außerdem wurde bereits bei präparativen Arbeiten (vgl. [6, 7]) ein 1:1-Symplex nur bei Einsatz beider Komponenten in Salzform beobachtet, während bei Verwendung der freien Polysäure oder Polybase starke Abweichungen von diesem Äquivalenzverhältnis auftraten.

Während der Titration mit polymeren quaternären Ammoniumverbindungen trat in allen Fällen eine zunehmende Trübung der Mischung ein, bis schließlich im Bereich des Knickpunktes ein Ausflocken erfolgte. Diese flockige Symplexfällung war nicht nur in Wasser, sondern auch in allen gebräuchlichen organischen Lösungsmitteln unlöslich und zeigte — im Gegensatz zu entsprechenden Titrationsergebnissen mit kationischen und anionischen Tensiden niedrigerer rel. Molekülmasse — auch keine Löslichkeit im Überschuß einer Komponente.

Ein Verständnis des von uns erhaltenen Verlaufs der Titrationskurve erscheint möglich, wenn man vom Schema einer „doppelten Umsetzung" nach beispielsweise

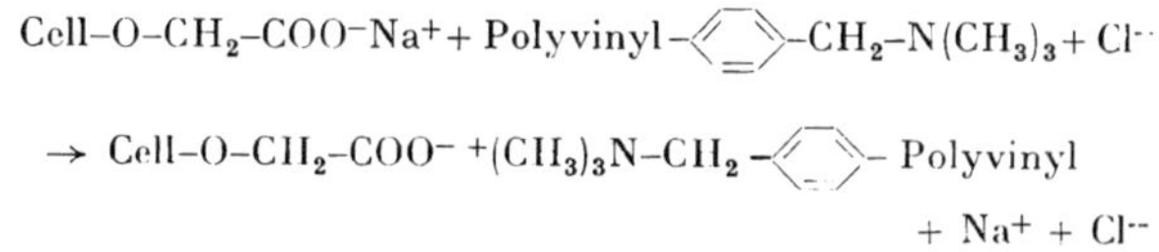

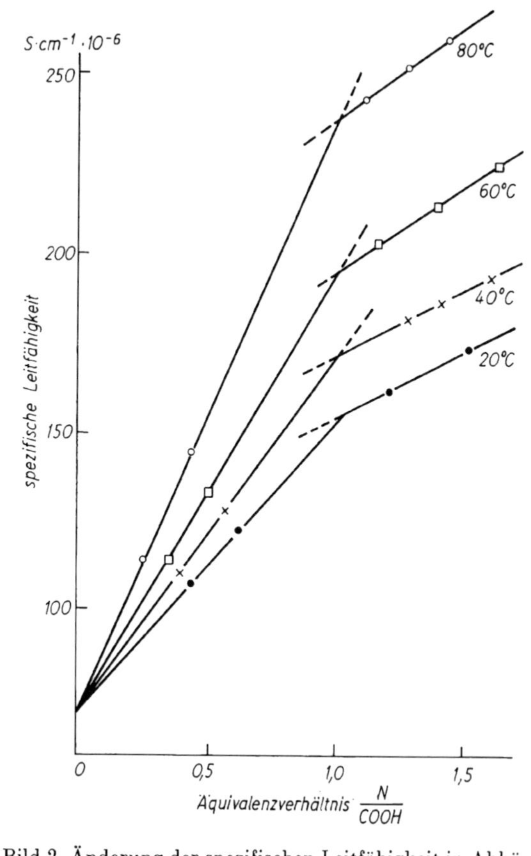

Bild 2. Änderung der spezifischen Leitfähigkeit in Abhängigkeit vom Äquivalenzverhältnis N/COOH bei Titration von Natriumcarboxymethylcellulose mit PVÄPBr-Lösung bei verschiedenen Temperaturen
(titriert wurden $3{,}62 \times 10^{-5}$ mol, bezogen auf $-COOH$; SG d. CMC 1,32)

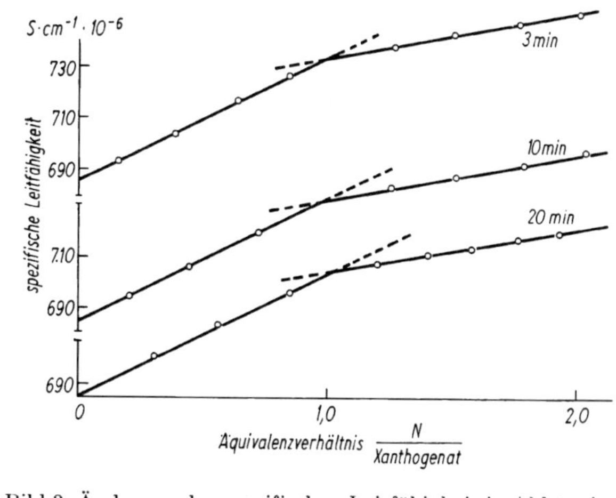

Bild 3. Änderung der spezifischen Leitfähigkeit in Abhängigkeit vom Äquivalenzverhältnis N/Xanthogenat bei Titration von nach *Fock* gereinigter Viskoselösung mit PVÄPBr-Lösung bei unterschiedlicher Titrationsgeschwindigkeit
(titriert wurden $1{,}2 \times 10^{-5}$ mol, bezogen auf Xanthogenat; SG d. Cell-X 0,65)

ausgeht und annimmt, daß zwar im Laufe der Titration durch Symplexfällung die Polyionen allmählich für den Stromtransport ausfallen, diese Leitfähigkeitsverringerung aber erheblich überkompensiert wird durch das Freisetzen der kleinen Gegenionen hoher Beweglichkeit aus dem Ladungsfeld des zugehörigen Polyions und dadurch, insgesamt gesehen, die Leitfähigkeit vor dem Äquivalenzpunkt stärker ansteigt, als nach diesem, wo dann allein die relativ geringe Leitfähigkeitszunahme durch den im Überschuß zugesetzten Polyelektrolyten maßgebend ist. Eine gewisse Diskrepanz zwischen den von uns und von *Michaels, Mir* und *Schneider* [6] gefundenen Titrationskurven besteht insofern, als zwar in beiden Fällen zunächst ein Leitfähigkeitsanstieg mit zunehmender Menge des entgegengesetzt geladenen Polyelektrolyten und ein ausgezeichneter Punkt beim 1:1-Verhältnis gefunden wird, dieser jedoch bei *Michaels, Mir* und *Schneider* ein Leitfähigkeitsmaximum mit anschließender Leitfähigkeitsabnahme, bei uns dagegen eine Richtungsänderung im auch dann noch vorhandenen geradlinigen Anstieg von $\varkappa$ markiert. Die Ursache dieses nur scheinbaren Widerspruches sehen wir in einer unterschiedlichen Arbeitsweise, indem die genannten Autoren die Leitfähigkeit vorgegebener Mischungen, bei konstanter Gesamtkonzentration, jedoch bei variiertem Äquivalenzverhältnis beider Polyelektrolyten mit der der Ausgangskomponenten verglichen und sich so von beiden dem 1:1-Verhältnis näherten, während wir in einer fortlaufenden Titration, bei der sich die Gesamtkonzentration an Polyelektrolyt ständig verändert, dieses 1:1-Verhältnis erheblich überschritten. Während Zusätze von NaCl oder KCl weder die Form der Titrationskurve noch die Lage des Knickpunktes beeinflußten und die geringfügigen unsystematischen Abweichungen des Knickpunktes vom Äquivalenzverhältnis 1,0 offenbar in erster Linie auf die oft erhebliche Fehlerbreite bei der konventionellen Substitutionsgradbestimmung und möglicherweise z. T. auch auf die Mitfällung nicht völlig neutralisierter Polymerketten zurückzuführen sind, kann eine Adsorption im System vorhandener mehrwertiger niedermolekularer Ionen sowohl die Form der Kurve, vor allem *nach* dem Knickpunkt, als auch die Lage dieses Punktes erheblich verändern. Wir prüften dies in einigen unserer Systeme mit Zusätzen von

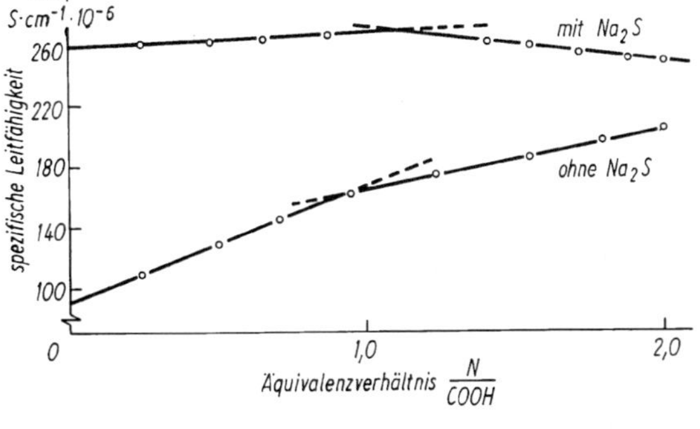

Bild 4. Änderung der spezifischen Leitfähigkeit in Abhängigkeit vom Äquivalenzverhältnis N/COOH bei Titration vom Natriumpolyacrylat mit PVÄPBr-Lösung mit und ohne Zusatz von Na_2S-Lösung (titriert wurden 2×10^{-5} mol, bezogen auf —COOH; Zusatz 2×10^{-5} mol Na_2S)

$CaCl_2$, Na_2S und Na_2CS_3. Wie Bild 4 zeigt, tritt beispielsweise bei der Titration einer Na-Polyacrylatlösung mit PVÄPBr bei pH $\sim$ 9 in Gegenwart von Sulfid eine starke Abflachung des Kurvenanstiegs vor dem Knickpunkt mit anschließender Leitfähigkeitsabnahme statt einer Zunahme ein, bei gleichzeitiger Verschiebung des Knickpunktes von einem Äquivalenzverhältnis von 0,95 auf $\sim$ 1,1. Gerade bei der Titration nebenproduktthaltiger Cellulosexanthogenatlösungen spielen diese Sorptionsvorgänge eine wesentliche Rolle, worauf später noch näher eingegangen wird.

3.2. *Systematische Untersuchungen zur Leitfähigkeitstitration von Carboxymethylcellulose*

Unter Verwendung einer CMC-Probe mit Substitutionsgrad (SG) = 0,78 und DP_v = 1039 sowie von Maßlösungen von PVÄPBr und PVBTACl wurde zunächst geprüft, inwieweit eine Variation des Lösungszustandes der anionischen Komponente durch Änderung dei Konzentration und des Lösungsmittels (und damit zugleich des Titriermediums) die Lage des Knickpunktes beeinflußt (Tabelle 1 und 2).

Der Einfluß beider Parameter erweist sich als recht gering; die Lage des Knickpunktes entspricht ohne erkennbare systematische Abweichungen einem 1:1-Symplex; lediglich mit Methanol als Lösungsmittel erfolgt eine signifikante Verschiebung des Knickpunktes zu niedrigerem Titriermittelverbrauch, offenbar infolge vorzeitiger Ausfällung eines „unvollständig neutralisierten" Symplexes in diesem für CMC recht „schlechten" Lösungsmittel. Der sehr geringe Einfluß des Lösungszustandes der CMC zeigt sich auch bei einem Vergleich der bei verschiedenen pH-Werten erhaltenen Ergebnisse (Bild 5). Im pH-Bereich zwischen 4,2 und

Tabelle 1. Abhängigkeit des Äquivalenzverhältnisses von der CMC-Konzentration

Äquivalente COOH pro Liter × 10^{-5}	Äquivalenzverhältnis N/COOH bei Titration mit	
	PVÄPBr	PVBTACl
3,6	1,01	1,01
12	0,98	1,00
24	1,03	1,02
48	1,04	0,98
120	1,01	1,00
240	1,00	1,00
480	1,01	1,05
720	0,98	1,07
960	0,99	1,03
1200	1,01	1,02
2120	0,98	0,955

Tabelle 2. Einfluß des Lösungsmittels auf das Äquivalenzverhältnis der Titration von CMC (64 × 10^{-5} Äquiv. COOH/l) mit PVPTACl

Lösungsmittelzusammensetzung	Äquivalenzverhältnis
100 Vol.-% H_2O	1,00
8 Vol.-% H_2O + 92 Vol.-% Pyridin	1,00
8 Vol.-% H_2O + 92 Qol.-% Aceton	1,02
8 Vol.-% H_2O + 92 Vol.-% Dimethylsulfoxid	1,02
8 Vol.-% H_2O + 92 Vol.-% Methanol	0,81

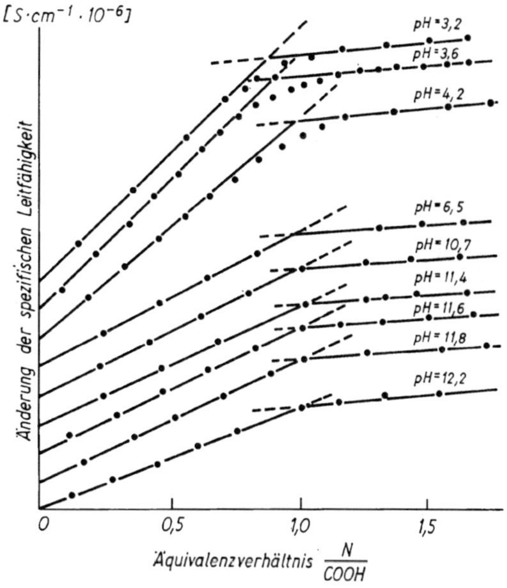

Bild 5. Leitfähigkeitsänderung in Abhängigkeit vom Äquivalenzverhältnis N/COOH bei Titration von Natriumcarboxymethylcellulose mit PVÄPBr-Lösung bei verschiedenen pH-Werten
(titriert wurden je $3{,}62 \times 10^{-5}$ mol —COOH; SG d. CMC 1,32)
Angegeben ist die Leitfähigkeitsänderung im Verlauf der Titration, die Kurven sind versetzt aufgezeichnet.

12,2 streut das gefundene Äquivalenzverhältnis unsystematisch in den engen Grenzen zwischen 0,96 und 1,04, obwohl bei pH = 4,2 schon ein erheblicher Teil der Carboxylgruppen als —COOH und nicht mehr als —COO'Na˙ vorliegt. Erst bei pH < 4 sinkt das Äquivalenzverhältnis auf Werte < 0,9 signifikant ab, indem die Ausflockung bereits vor einer vollständigen Umsetzung aller Carboxylgruppen stattfindet. Der Verlauf der Geraden in Bild 5 spricht zugleich für die in Abschnitt 3.1 gegebene Deutung der Leitfähigkeitsänderung: Während die flach ansteigenden Geraden nach dem Knickpunkt unabhängig vom pH-Wert parallel verlaufen, nimmt die Steilheit des Geradenstücks vor dem Knickpunkt mit fallendem pH-Wert zu, besonders auffällig beim Übergang von pH = 6,5 zu pH = 4,2, indem hier bei der Symplexbildung in zunehmendem Maße nicht mehr Na˙-Ionen, sondern die eine stärkere Leitfähigkeitszunahme bewirkenden H˙-Ionen freigesetzt wurden. Der Einfluß des SG der CMC auf das Titrationsergebnis geht aus Tabelle 3 hervor, in der zugleich die mit verschiedenen Polykationen für die gleichen CMC-Proben erhaltenen Äquivalenzverhältnisse gegenübergestellt sind. In keinem Falle ist eine signifikante Änderung des Äquivalenzverhältnisses in Abhängigkeit vom SG zu beobachten. Dieses streut vielmehr unsystematisch um einen Mittelwert, der etwas vom als Titriermittel verwendeten Polykation abhängt und zumeist geringfügig oberhalb von 1 liegt. Die Abweichungen von dem für das betreffende Polykation geltenden Mittelwert wie auch dieses Mittelwertes von 1,00 sind u. E. zu einem erheblichen Teil auf Unsicherheiten in der konventionellen Bestimmung des SG der anionischen Komponente wie auch des Quaternisierungsgrades der kationischen (vor allem wahrscheinlich bei PAABr) zurückzuführen. Mit verschiedenen Polykationen ergibt sich hinsichtlich der gefundenen Äquivalenzverhältnisse jeweils annähernd dieselbe Reihenfolge innerhalb der CMC-Proben; die Abweichungen vom Mittelwert (Spannweite der Extremwerte, relative Standardabweichung) unterscheiden sich für die einzelnen Polykationen nur unwesentlich. Im Zusammenhang mit dem Einfluß des SG auf das gefundene Äquivalenzverhältnis prüften wir schließlich die Auswirkung einer unterschiedlichen Verteilungsbreite auf Titrationsverlauf und -ergebnis, indem die Lösungen einer hoch (SG = 1,32) und einer niedrig (SG = 0,54) substituierten CMC-Probe in unterschiedlichen Anteilen gemischt und zur Titration eingesetzt wurden. Weder im Titrationsverlauf noch im gefundenen Äquivalenzverhältnis ergaben sich für die Mischungen signifikante Unterschiede gegenüber den reinen Komponenten. Es trat nur *ein* Knickpunkt auf, der einem 1:1-Symplex für die Mischung entsprach.

Für eine analytische Anwendung der Leitfähigkeitstitration zur raschen SG-Bestimmung von CMC-Proben, die gegenüber den herkömmlichen Methoden unserer Meinung nach hinsichtlich des Zeitaufwandes Vorteile bietet, kommen grundsätzlich *alle* hier herangezogenen Polykationen in Frage, wobei man für die Praxis die Anwendung eines Korrekturfaktors auf Basis der hier festgestellten Mittelwerte in Betracht ziehen könnte. Die Reproduzierbarkeit einer solchen Titration liegt nach unseren Erfahrungen bei einer relativen Standardabweichung von maximal 5%. Unter der zweifellos nicht gerechtfertigten und vom Gesichtspunkt der hier vorgeschlagenen Analysenmethode ungünstigsten An-

Tabelle 3. Einfluß des SG der CMC-Probe auf das Äquivalenzverhältnis bei Titration mit verschiedenen Polykationen

SG der CMC-Probe	Äquivalenzverhältnis N/COOH bei Titration mit				
	PVÄPBr Medium : H_2O	PVÄPBr Medium : 0,01 n NaOH	PVBTACl Medium : H_2O	PAABr Medium : H_2O	P 261 Medium : H_2O
1,32	1,01	1,01	0,97	1,08	1,04
1,03	1,07	1,03	1,04	1,15	1,07
1,00	0,98	0,95	0,96	1,05	1,03
0,95	1,00	1,00	0,97	1,07	1,04
0,81	1,01	1,02	0,96	1,02	0,99
0,78	0,97	1,01	0,96	1,02	0,97
0,54	1,10	1,09	1,06	1,10	1,05
Mittelwert	1,02	1,03	0,97	1,07	1,03

nahme, daß die konventionell bestimmten SG der CMC-Proben „absolut richtig" sind, würde die Genauigkeit der Symplextitration einer mittleren relativen Standardabweichung von 5% entsprechen und damit keinesfalls schlechter sein als die bisherigen Konventionsmethoden [18, 19, 20] u. a.

3.3. *Systematische Untersuchungen zur Leitfähigkeitstitration von Cellulosexanthogenatlösungen*

Bild 6 zeigt das bei der Titration reiner Cellulosexanthogenatlösungen mit PVÄPBr gefundene Äquivalenzverhältnis in Abhängigkeit vom γ-Wert, wobei verdünnte ionenausgetauschte Viskose (pH $\sim$ 12) und gereinigte Viskose (pH $\sim$ 8) mit CO_2 nach *Fock* zur Titration eingesetzt wurden. Offensichtlich zeigt auch hier das Äquivalenzverhältnis keine systematische Änderung mit dem Substitutionsgrad und streut unabhängig von der zur Entfernung der Nebenprodukte angewandten Methode und auch unabhängig vom Nachreifezustand in den engen Grenzen zwischen 1,01 und 1,06 mit einem Mittelwert von 1,03. Selbst ein durch Sulfidierung einer Linterscellulose bei 20 °C erhaltenes Xanthogenat mit extrem ungleichmäßiger Substituentenverteilung liegt durchaus in diesem Bereich. Die Verfolgung des Nachreifeverlaufs einer Viskose durch Titration der jeweils durch Ionenaustausch hergestellten Reinxanthatlösung mit PVBTACl führte prinzipiell zum gleichen Ergebnis bei einem Mittelwert für das Äquivalenzverhältnis von 1,05. Die gegenüber den Ergebnissen an CMC wesentlich geringere Streuung der Werte für die einzelnen Xanthogenatproben um diesen Mittelwert führen wir auf die vergleichsweise höhere Genauigkeit der Bestimmung des Xanthat-γ-Wertes zurück. Die geringe Abweichung der Mittelwerte 1,03 und 1,05 vom theoretischen Wert 1,00 für den 1:1-Symplex halten wir unter diesen Umständen für gesichert.

Im Gegensatz zu den nebenproduktfreien Cellulosexanthogenatlösungen ist bei der Leitfähigkeitstitration nebenprodukthaltiger verdünnter Viskosen mit fortschreitender Nachreife eine zunehmende Erhöhung des

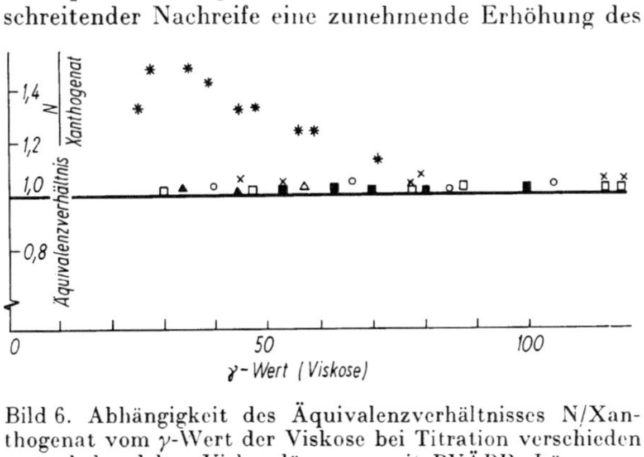

Bild 6. Abhängigkeit des Äquivalenzverhältnisses N/Xanthogenat vom γ-Wert der Viskose bei Titration verschieden vorbehandelter Viskoselösungen mit PVÄPBr-Lösung (titriert wurden 0,5 bis 1,0 $\times$ 10^{-5} mol, bezogen auf Xanthogenat)

× frische Viskose, ungereinigt
* nachgereifte Viskose, ungereinigt
□ frische Viskose, gereinigt (nach *Fock*)
■ nachgereifte Viskose, gereinigt (nach *Fock*)
○ frische Viskose, gereinigte (durch Ionenaustausch)
△ frische Viskose, ungereinigt (*Herkules* Linters)
▲ nachgereifte Viskose, gereinigt (nach *Fock*) (*Herkules* Linters)

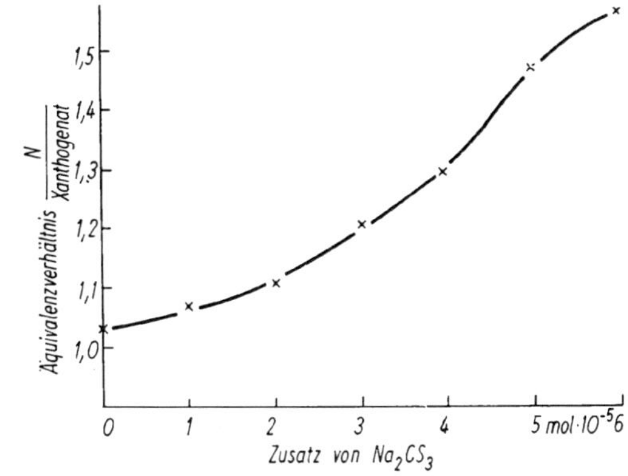

Bild 7. Änderung des Äquivalenzverhältnisses von N/Xanthogenat bei Titration von gereinigter Viskoselösung (Ionenaustausch) mit PVÄPBr-Lösung bei steigendem Zusatz von Na_2CS_3 in 0,01 n NaOH (titriert wurden je 1,9 $\times$ 10^{-5} mol, bezogen auf Xanthogenat)

gefundenen Äquivalenzverhältnisses beim „Knickpunkt", also ein über die Bildung des 1:1-Symplexes hinausgehender Verbrauch an kationischer Komponente festzustellen, wie das in Bild 6 mit eingezeichnete Beispiel einer „Nachreifereihe" ausweist. Ursache hierfür ist der mit der Nachreifedauer zunehmende Na_2CS_3-Gehalt in einer solchen Lösung, indem Trithiocarbonat selbst mit dem kationischen Polyelektrolyten unter Bildung einer Fällung reagiert und schon geringe Zusätze zu einer Reinxanthatlösung Kurvenform und Lage des Knickpunktes noch stärker beeinflussen als eine Zugabe von Na_2S (vgl. Bild 4), wie Bild 7 für verschiedene Trithiocarbonatkonzentrationen zeigt.

Eine analytische Anwendung der Symplextitration wäre natürlich zur γ-Zahl-Bestimmung in nebenproduktfreien Cellulosexanthogenatlösungen ohne weiteres möglich, bietet jedoch u. E. gegenüber der raschen und ebenso universell anwendbaren spektralphotometrischen Bestimmung [21] keine erkennbaren Vorteile. Eine Anwendung auf ungereinigte, nebenprodukthaltige Lösungen erscheint allenfalls bei frischhergestellten, ungereiften Viskosen mit sehr geringem Na_2CS_3-Gehalt sinnvoll und könnte hier vor allem bei hochsubstituierten Viskosen ein gewisses praktisches Interesse finden.

4. *Zusammenfassende Diskussion und Schlußfolgerungen*

Unsere Ergebnisse zur Symplexbildung zwischen entgegengesetzt geladenen Polyelektrolyten unter den Bedingungen einer gegenseitigen Leitfähigkeitstitration beider Komponenten in Salzform (Cl′ oder Br′ bzw. Na˙ als niedermolekulares Gegenion) sprechen dafür, daß bei Einsatz quaternärer Ammoniumverbindungen unterschiedlicher Konstitution als Polykation mit den verschiedensten Polyanionen 1:1-Symplexe gebildet werden, indem beim entsprechenden Äquivalenzverhältnis ein definierter, gut reproduzierbarer Knick im Titrationsdiagramm auftritt. Die Bildung des 1:1-Symplexes erfolgt offensichtlich weitgehend unabhängig von Polymerkonzentration, Solvatationszustand, Kettenlänge und Substitutionsgrad der Polyionen, sofern mindestens *eine* Komponente ein starker Polyelektrolyt ist. Obwohl während der Titration eine zunehmende Trübung und im Äquivalenzpunkt schließlich eine Flockung des Symplexes beobachtet wird, scheint eine vorzeitige Ausfällung eines ,,unvollständig neutralisierten" Symplexes unter Verschiebung des Knickpunktes nach einem niedrigeren Titriermittelverbrauch im allgemeinen nicht einzusetzen, sondern allenfalls dann, wenn wie im Falle einer angesäuerten CMC-Lösung eine Komponente bereits dicht vor der Flockung steht. Ob die bei unseren Titrationsergebnissen zumeist beobachtete Tendenz zu geringfügig oberhalb 1 liegenden Äquivalenzverhältnissen eine allgemeine Erscheinung bei solchen Symplextitrationen ist, kann aus dem vorliegenden Versuchsmaterial im Hinblick auf die mögliche Fehlerbreite bei der Substitutionsgradbestimmung bei beiden Komponenten noch nicht sicher entschieden werden. Immerhin erscheint es möglich, daß zur vollständigen Freisetzung der niedermolekularen Gegenionen der anionischen Komponente ein geringfügiger Überschuß der kationischen erforderlich ist. Vor allem unsere Titrationsergebnisse an nebenproduktfreien Cellulosexanthogenatlösungen könnten hierfür sprechen. Andererseits kann durch Sorption mehrwertiger niedermolekularer Ionen an die Symplexpartikel eine signifikante Verschiebung des Knickpunktes zu höherem Titriermittelverbrauch erfolgen und dadurch das experimentell bestimmte Äquivalenzverhältnis von 1 abweichen. Nach den hier erhaltenen Ergebnissen erfordert das Entstehen von 1:1-Symplexen durchaus nicht eine gleichartig gebaute Grundkette mit annähernd gleichen Abständen zwischen den ionischen Gruppen bei beiden Komponenten, sondern tritt auch dann ein, wenn offensichtlich keine ,,paarweise Neutralisation" der ionischen Gruppen bei geordneter Aneinanderlagerung anionischer und kationischer Ketten möglich wäre. Modellmäßig kann man sich vielleicht den Bau eines solchen Symplexes ähnlich wie bei einem ,,snake-cage-polymer" [22] vorstellen, indem die beteiligten Ketten im ausgefällten Symplex eine unregelmäßig verknäuelte Konformation annehmen, die jedoch so ausgewählt ist, daß eine sehr weitgehende Neutralisation jeder einzelnen ionischen Gruppe erreicht wird. Aus dieser das hier diskutierte Versuchsmaterial sinnvoll erfassenden Modellvorstellung ergeben sich zugleich Möglichkeiten und Grenzen einer analytischen Anwendung solcher konduktometrischen Titrationen. Da unabhängig von der gegenseitigen räumlichen Anordnung der ionischen Gruppen in allen hier untersuchten Fällen ein 1:1-Symplex entsteht, sind Informationen über die Substituentenverteilung entlang der Einzelkette offensichtlich nicht zu erwarten. Wohl aber erscheint mit Hilfe einer solchen Symplextitration eine rasche Bestimmung des Substitutionsgrades bei teilweise substituierten Polyelektrolyten möglich, die allerdings eine mögliche Verfälschung der Ergebnisse durch Sorption mehrwertiger niedermolekularer Ionen berücksichtigen muß, z. B. bei der Anwendung auf nebenprodukthaltige Viskosen, die jedoch trotzdem — etwa bei CMC — in manchen Fällen gegenüber den herkömmlichen Methoden in der Praxis durchaus Vorteile bieten dürfte.

Fräulein *Waltraud Stern* danken wir für die sorgfältige Mitarbeit bei der Durchführung der praktischen Untersuchungen.

Für die zur Verfügung gestellten kationischen Polyelektrolyte danken wir Herrn Prof. Dr. *J. Ulbricht*, TH für Chemie ,,Carl Schorlemmer" Leuna-Merseburg.

Literatur

[1] *Philipp, B.*, und *Lang, H.:* Über Symplexe von Cellulosederivaten. 1. Mitt.: Fällungstitration von Cellulosexanthogenat mit Polyäthylenimin. Faserforsch. u. Textiltechnik **17** (1966) 7, S. 299—304.

[2] *Philipp, B.*, und *Lang, H.:* Über Symplexe von Cellulosederivaten. 2. Mitt.: Einfluß einiger Viskosier- und Fällungsparameter auf die analytische Zusammensetzung von Symplexen aus Cellulosexanthogenat und Polyäthylenimin. Faserforsch. u. Textiltechnik **17** (1966) 10, S. 453—457.

[3] *Philipp, B., Lang, H.*, und *Stieler, J.:* Über Symplexe von Cellulosederivaten. 3. Mitt.: Einfluß eines Zusatzes von Polyäthylenimin auf das Viskositätsverhalten verdünnter und mäßig konzentrierter Cellulosexanthogenatlösungen. Faserforsch. u. Textiltechnik **18** (1967) 12, S. 568—573.

[4] *Philipp, B.*, und *Lang, H.:* Über Symplexe von Cellulosederivaten. 4. Mitt.: Zur Symplexbildung zwischen Carboxymethylcellulose und polymeren Aminen. Faserforsch. u. Textiltechnik **19** (1968) 5, S. 217—224.

[5] *Kramer, K.:* Symplexe als Salze aus einem Polyanion mit einem Polykation. Dissertation Kiel 1960.

[6] *Michaels, A. S., Mir, L.*, und *Schneider, N. S.:* Polycation—polyanion reactions in dilute aqueous solution. J. physic. Chem. **69** (1965) 5, S. 1447—1455.

[7] *Michaels, A. S.*, und *Miekka, R. G.:* Polycation—polyanion complexes: Preparation and properties of poly-(vinylbenzyltrimethylammonium) polystyrenesulfonate. J. physic. Chem. **65** (1961) S. 1765.

[8] *Brandrup, A. G.*, und *Immergut, E. H.:* ,,Polymer Handbook". New York/London/Sydney: Interscience Publ. 1966. Kap. IV, S. 421.

[9] *Braun, D., Cherdron, H.*, und *Kern, W.:* Praktikum der makromolekularen organischen Chemie. Heidelberg: Hüthig 1966, S. 229.

[10] *Fock, W.:* Bestimmung von Xanthogenatschwefel in der Viskose. Svensk Papperstidn. **60** (1957) S. 911 bis 912.

[11] *Samuelson, O.*, und *Gärtner, F.:* Utilisation of ion exchangers in analytical chemistry. Acta chem. Scand. **5** (1951) S. 596—602.

[12] *Treiber, E., Gierer, J., Rehnström, J.*, und *Schurz, J.:* Einige Notizen zur γ-Zahl-Bestimmung und γ-Fraktionierung. Holzforschung **10** (1956) S. 36—42.

[13] *Takahashi, A., Hayashi, N.*, und *Kagawa, I.:* Kogyo Kagaku Zasshi **60** (1957) S. 1059.

[14] *Kargin, V. A., Kabanov, V. A., Aliev, K. V.*, und *Razvodovskij, R. J.:* Spezifische Polymerisation von 4-Vinylpyridin. Dokl. Akad. Nauk SSSR (Ber. Akad. Wiss. UdSSR) **160** (1965) S. 604—607.

[15] *Jones, G. D.:* Chlormethylierung von Polystyrol. Ind. engng. Chem. **44** (1952) S. 2686.

[16] *Negi, Y., Harada, S.*, und *Ishizuka, O.:* Cyclopolymerisation of diallylamine derivates in dimethyl sulfoxide. J. polymer Sci., A—1: Polymer Chem. **5** (1967) 8, S. 1951—1961.

[17] *Natus, G.*, und *Goethals, E. J.:* The reactions of propan sulton with macromolecules. I. Cellulose and starch. J. macromol. Sci., A: Chemistry A 2 (1968) 3, S. 449 bis 457.

[18] *Wilson, K.:* A modified method for determination of active agent and degree of substitution in carboxymethyl cellulose (CMC). Svensk Papperstidn. **63** (1960) S. 714—715.

[19] *Rinaudo, M.*, und *Hydry-Chergeon, G.:* Untersuchungen von O-Carboxymethylcellulosen mit veränderlichen Substitutionsgraden. J. chim. Physique **64** (1967) 11/12, S. 1746—1752.

[20] *Francis, C. V.:* Sodium carboxymethylcellulose. Analyt. Chem. **25** (1953) 6, S. 941—943.

[21] *Dux, J. P.*, und *Phifer, L. H.:* Determination of xanthate sulfur in viscose. Analyt. Chem. **29** (1957) S. 1842 bis 1845.

[22] *Hatch, M. J., Dillom, J. A.*, und *Smith, H. B.:* Preparation and use of snake-cage Polyelectrolytes. Ind. engng. Chem. **49** (1957) S. 1812—1819.

Eingegangen am 31. Oktober 1969

Faserforschung und Textiltechnik 21 (1970) Heft 3

Lichtstreuung an mäßig konzentrierten Polystyrollösungen

Teil I: Einfluß der relativen Molekülmasse

Herbert Dautzenberg

Deutsche Akademie der Wissenschaften zu Berlin, Institut für Faserstoff-Forschung in Teltow-Seehof

DK 678.746.22:541.24:541.8:535.36:539.2

Zur Untersuchung des Lösungszustandes im Bereich höherer Konzentrationen wurden die Streufunktionen von Polystyrolfraktionen mit relativen Molekülmassen von 1,3 bis $7{,}1 \cdot 10^6$ in Abhängigkeit von der Konzentration aufgenommen. Der Konzentrationsbereich erstreckte sich von 0,02 bis 1%. Aus der Maximumsbedingung der Funktion $I(c)$ wurden die dritten Virialkoeffizienten bestimmt. Besondere Aufmerksamkeit wurde dem Problem geschenkt, bis zu welchen Konzentrationen die Streukurven durch die Struktur der Einzelmoleküle bestimmt werden und ab wann eine Netzstruktur in der Lösung vorliegt.

Светорассеяние растворами полистирола умеренной концентрации

Часть I: Влияние молекулярного веса

С целью изучения состояния растворенного полимера в области повышенной концентрации были сняты функции рассеяния фракций полистирола с молекулярными весами в пределах от 1,3 до $7{,}1 \cdot 10^6$ в зависимости от концентрации (0,02–1%). Исходя из условий максимума функции $I(c)$ были определены третьи вириальные коэффициенты. Особое внимание уделено вопросу о том, до каких концентраций кривые рассеяния определяются структурой отдельных молекул и начиная с каких условий раствор является структурированным.

Light Scattering in Moderately Concentrated Solutions of Polystyrene

Part I: Effect of the Molecular Weight

To investigate the state of solution of polystyrene fractions having molecular weights from 1.3 to $7.1 \cdot 10^6$ the light scattering functions were recorded in dependence on the concentration ranging from 0.02 to 1%. The values of the third virial coefficient were determined from the maximum conditions of the function $I(c)$. Special attention has been paid to the concentration values at which the light scattering pattern is affected by the structure of individual molecules or by the formation of a network structure in the solution.

1. Einleitung

Während man zur Charakterisierung der Molekülstruktur die Meßgrößen auf den Fall unendlicher Verdünnung extrapoliert, um die Wechselwirkungseffekte zwischen den einzelnen gelösten Polymermolekülen auszuschalten, ist für viele technische Probleme gerade die Kenntnis der Struktur der Lösungen im Bereich höherer Konzentrationen von Interesse. Außerdem können die Messungen bei sehr niedrigen Konzentrationen auf Grund der Kleinheit der Meßgrößen mit hohen Fehlern behaftet sein, so daß Messungen im Bereich höherer Konzentrationen bequemer und zuverlässiger sind. Um unverfälschte Rückschlüsse aus diesen Meßwerten auf die Struktur des isolierten Moleküls ziehen zu können, ist es erforderlich, geeignete Extrapolationsformeln und vor allem ihren genauen Gültigkeitsbereich zu kennen. Außerdem ist die Kenntnis der Strukturbildungen beim Übergang von der Lösung zum gequollenen Netzwerk von großer Bedeutung.

Von besonderem Interesse sind Untersuchungen an sehr hochmolekularen Proben ($M > 1 \cdot 10^6$) in guten Lösungsmitteln, da man hier schon im Konzentrationsbereich von 1% einen Zustand erreicht, in dem der einem Polymermolekül im Zustand unendlicher Verdünnung zur Verfügung stehende Raum von vielen Polymermolekülen ausgefüllt wird. Hierbei ergeben sich die Fragen, bis zu welcher Konzentration die Struktur des Einzelmoleküls im wesentlichen erhalten bleibt, wie groß die Störungen der Molekülstruktur durch die Wechselwirkung zwischen den Polymermolekülen sind, ab wann die Meßwerte praktisch nur noch durch die Struktur des entstehenden Netzwerkes bestimmt werden und in welchem Maße die Struktur der Einzelmoleküle die Netzstruktur beeinflußt.

Ein wichtiger Beitrag zu dieser Thematik wurde von *Benoit* und *Picot* [1] geleistet. Um zu einer weiteren Klärung dieser Fragen beizutragen, wurden von uns Lichtstreuungsuntersuchungen an Polystyrolproben mit rel. Molekülmassen von 1,3 bis $7{,}1 \cdot 10^6$ im Konzentrationsbereich bis zu 1% durchgeführt.

2. Zur Theorie der Lichtstreuung an mäßig konzentrierten Lösungen

Die Theorie der Lichtstreuung an schwach konzentrierten Lösungen wurde von *Zimm* [2] sowie *Flory* und *Bueche* [3] entwickelt. *Zimm* leitete den Ausdruck für die Streuintensität unter der Voraussetzung einer einfachen Kontaktapproximation ab und erhielt die Formel:

$$I(\vartheta, c) = K[M P(\vartheta)\, c - 2 A_2 M^2 P^2(\vartheta)\, c^2 + \{4 A_2^2 M^3 P^4(\vartheta) - 4 A_2^2 M^3 P^4(\vartheta) - 3 A_3 M^2 P^2(\vartheta)\, Q(\vartheta)\}\, c^3 + \ldots] \quad (1)$$

mit $I(\vartheta, c)$ — Streuintensität, ϑ — Streuwinkel, K — Konstante, die die optischen Kenngrößen des Systems enthält, c — Konzentration, M — rel. Molekülmasse, A_2, A_3 — Virialkoeffizienten in der Entwicklung des osmotischen Druckes nach der Konzentration, $P(\vartheta)$ — Streufunktion eines Einzelmoleküls und $Q(\vartheta)$ — Streufunktion, die die zwischenmolekularen Interferenzen widerspiegelt ($P(o) = 1, Q(o) = 1$).

Von *Flory* und *Bueche* wurde ein ähnlicher Ausdruck unter der Voraussetzung einer *Gauß*-Verteilung für die Segmentdichte um den Molekülschwerpunkt abgeleitet. Danach läßt sich die Streuintensität in der Form darstellen [3]:

$$I(\vartheta, c) = Kc\,MP(\vartheta)\left\{1 + 4\pi\int \frac{\sin k\sigma a}{k\sigma a}\, C_a a^2\, da\right\} \quad (2)$$

mit

$$C_a = C(1 + f_{12})\,[1 + C\int f_{13} f_{23}\, d\omega_3 + \ldots] \quad (3)$$

— radiale Verteilungsfunktion der Molekülschwerpunkte (s. [4]) und $k = 2\pi/\lambda$, $\sigma = 2\sin\vartheta/2$, λ-Wellenlänge im Medium, C — Zahl der Moleküle pro cm³. Von *Flory* und *Bueche* wurde der Ausdruck (3) in Gleichung (2) eingesetzt und unter Betrachtung der einzelnen Glieder eine zu (1) ähnliche Darstellung angegeben.

Uns erscheint ein anderer Weg übersichtlicher. Berücksichtigt man, daß der Streubeitrag $\int \sin k\sigma a/k\sigma a \cdot C a^2\, da$, bezogen auf die Volumeneinheit bei makroskopischen Proben gegen Null geht, so kann man anstelle von (2) schreiben:

$$I(\vartheta, c) = Kc\,MP(\vartheta)\left\{1 - C\int \frac{\sin k\sigma a}{k\sigma a}\,[1 - g_a]\, 4\pi a^2\, da\right\} \quad (4)$$

mit $g_a = C_a/C$.

Benoit und *Picot* leiten ohne Voraussetzung eines speziellen Molekülmodelles, nur unter der Annahme der freien Orientierbarkeit der Polymermoleküle gegeneinander einen gegenüber (4) etwas modifizierten Ausdruck ab:

$$I(\vartheta, c) = Kc\,M\left\{P(\vartheta, c) + C\frac{1}{N^2}\overline{\left(\sum_i \frac{\sin k\sigma\varrho_i}{k\sigma\varrho_i}\right)^2} \times 4\pi\int [g_a - 1]\,\frac{\sin k\sigma a}{k\sigma a}\, a^2\, da\right\} \quad (5)$$

mit N — Zahl der Streuzentren in einem Molekül und ϱ_i — Abstand Streuzentrum – Molekülschwerpunkt. Weiterhin wurde gesetzt:

$$\frac{1}{N^2}\overline{\left(\sum_i \frac{\sin k\sigma\varrho_i}{k\sigma\varrho_i}\right)^2} = R(\vartheta, c), \quad (6a)$$

$$\int [1 - g_a]\,\frac{\sin k\sigma a}{k\sigma a}\, 4\pi a^2\, da \Big/ \int [1 - g_a]\, 4\pi a^2\, da = Q(\vartheta, c) \quad (6b)$$

und

$$\frac{N_A}{M}\int [1 - g_a]\, 4\pi\, a^2\, da = \Gamma(c). \quad (6c)$$

Für $R(\vartheta, c) = P(\vartheta, c)$ stimmen die Ausdrücke (4) und (5) überein. Setzt man (6a), (6b), (6c) in (5) ein, so folgt

$$I(\vartheta, c) = Kc\,M[P(\vartheta, c) - c\,R(\vartheta, c)\, Q(\vartheta, c)\, \Gamma(c)] \quad (7)$$

mit $c = C\,M/N_A$ — Massekonzentration.

Übernimmt man für die Verteilung der Molekülschwerpunkte wie üblich die Theorie der realen Gase, so läßt sich durch Berechnung des Schwankungsquadrates [4] oder durch Entwicklung der Zustandsgleichung nach Virialkoeffizienten bzw. nach Verteilungsfunktionen [5] streng die Relation

$$1 + 4\pi C\int [g_a - 1]\, a^2\, da = \frac{kT}{(\partial\pi/\partial C)_T} \quad (8)$$

beweisen, mit k — *Boltzmann*-Konstante, T — absolute Temperatur, π — osmotischer Druck. Nun gilt

$$\frac{\partial\pi}{\partial C} = \frac{M}{N_A}\frac{\partial\pi}{\partial c} = M\cdot kT\left[\frac{1}{M} + 2A_2 c + 3A_3 c^2 + \ldots\right] \quad (9)$$

und damit

$$c\,\Gamma(c) = 1 - \frac{1}{M}\left[\frac{1}{M} + 2A_2 c + 3A_3 c^2 + \ldots\right]^{-1}. \quad (10)$$

Daraus folgt für die Streuintensität

$$I(\vartheta, c) = Kc\,M\left\{P(\vartheta, c) - R(\vartheta, c)\, Q(\vartheta, c) \times \left(1 - \frac{1}{M}\left[\frac{1}{M} + 2A_2 c + 3A_3 c^2 + \ldots\right]\right)^{-1}\right\}, \quad (11)$$

was für $\vartheta = 0$ in die Relation

$$\frac{Kc}{I(o, c)} = \frac{1}{M} + 2A_2 c + 3A_3 c^2 + \ldots \quad (12)$$

übergeht, die man auch für kleine Teilchen erhält.

Wir möchten herausstellen, daß unter der Voraussetzung der freien Orientierbarkeit der Polymermoleküle und einer radialen Verteilungsfunktion für die Molekülschwerpunkte, die der Theorie realer Gase entspricht, die Gleichung (12) auch für große Moleküle streng gültig ist. Nach dieser Gleichung wird die Streuintensität für $\vartheta = 0$ bei höheren Konzentrationen ein Maximum durchlaufen, dessen Lage durch die Bedingung

$$\frac{\partial I(o, c)}{\partial c} = 0,$$

d. h. durch die Relation

$$\frac{1}{M} - 3A_3 c_{\max}^2 - 8A_4 c_{\max}^3 - \ldots = 0 \quad (13)$$

gegeben wird. Der zweite Virialkoeffizient besitzt somit keinen Einfluß auf die Lage des Maximums, die nur durch die höheren Virialkoeffizienten bestimmt wird. Liegt das Maximum bei relativ niedrigen Konzentrationen, so kann man nach dem in c quadratischen Glied abbrechen und erhält:

$$c_{\max} = \sqrt{\frac{1}{3MA_3}}; \quad (14)$$

man hat somit die Möglichkeit, auf diese Weise relativ einfach den dritten Virialkoeffizienten auch sehr hochmolekularer Stoffe zu messen, was mit anderen Methoden äußerst schwierig ist. Offen bleibt die Frage, ob man mit den Konzentrationen nicht in einen Bereich kommt, in dem die Voraussetzungen dieser Theorie nicht mehr gültig sind. Diese Frage ist jedoch an den einzelnen Polymer/Lösungsmittel-Systemen zu entscheiden.

Die in Arbeit [1] angegebene Interpretation, daß die Lage des Maximums von $I(\vartheta, c)$ hauptsächlich durch den zweiten Virialkoeffizienten bestimmt wird, trifft für $\vartheta \to 0$ sicher nicht zu. Bei der Ableitung der dort angegebenen Relation wurde der Ausdruck $[1/M + 2A_2c + 3A_3c^2 + \ldots]^{-1}$ in eine Reihe nach c entwickelt und die Terme höherer Ordnung in A_2 vernachlässigt, was zu dem angegebenen Fehlschluß führte.

3. *Experimentelle Untersuchungen*

3.1. *Präparation der Proben*

Die Untersuchungen wurden an verschiedenen Fraktionen eines linearen, durch thermische Polymerisation bei 60°C hergestellten (Umsatz 33%) Polystyrols mit rel. Molekülmassen zwischen 1,3 und $7{,}1 \cdot 10^6$ durchgeführt. Die Fraktionierung erfolgte nach dem üblichen Verfahren [6] im System Methyläthylketon/Methanol.

Von dem Polymerisat wurden 5 g auf 1 l Lösungsmittel eingesetzt. Insgesamt wurden zwölf etwa gleich große Fraktionen abgenommen, von denen vier zur Messung herangezogen wurden. Außerdem wurde das unfraktionierte Produkt untersucht, um zu sehen, ob die Polydispersität der Probe einen wesentlichen Einfluß auf die Ergebnisse hat.

Die Konzentrationsreihen wurden durch Verdünnen der Stammlösungen in den Meßküvetten hergestellt. Als Lösungsmittel diente Benzol, das durch dreimaliges Filtrieren durch eine G5-Fritte gereinigt wurde. Die Reinheit des Benzols wurde anhand der Streukurve überprüft. Die 1%igen Stammlösungen reinigten wir durch 1 h Zentrifugieren bei 10000 U/min, da ein Filtrieren der Lösungen infolge der hohen Viskosität schwer möglich ist. Das Umfüllen der Lösungen und des Lösungsmittels erfolgte mit Pipetten, die mit staubfreiem Aceton gereinigt und im Vakuum getrocknet wurden. Nach dem Zugeben des Lösungsmittels standen die Lösungen jeweils 24 h, so daß sich eine echte Durchmischung einstellen konnte. Beim Betrachten der Küvetten durch das Beobachtungsfenster des Streulichtgerätes zeigte sich eine völlig homogen leuchtende Fläche, so daß Verunreinigungen durch Staub und schlechte Durchmischung auszuschließen sind. Für die Reinheit der Lösungen spricht auch, daß die an diesen Lösungen ermittelten rel. Molekülmassen mit den an verdünnten Lösungen in Methyläthylketon gemessenen innerhalb einer Fehlergrenze von 5% übereinstimmten.

3.2. *Durchführung der Messungen*

Die Messungen erfolgten mit dem Streulichtphotometer Sofica bei $\lambda = 546$ nm und mit unpolarisiertem Licht. Die Küvetten wurden während der Messungen auf 20 °C $\pm 0{,}2$ grd temperiert. Als Eichstandard diente ein von der Herstellerfirma des Gerätes gegen Benzol geeichter Glaskörper. Für R_{Benzol} benutzten wir den Wert $16{,}3 \cdot 10^{-6}$ und für das Brechungsinkrement den Wert $\partial n/\partial c = 0{,}110$ cm³/g [7]. Damit erhält man $K = 0{,}612 \cdot 10^{-2}$. Die Streukurven wurden über einen Winkelbereich von 30 bis 150° aufgenommen. Die Streuintensität von Benzol wurde von den Meßwerten abgezogen.

4. *Meßergebnisse und Diskussion*

In den Bildern 1 bis 5 sind die Streukurven von vier Fraktionen und der unfraktionierten Probe in der Form $Kc/I = f(\sin^2 \vartheta/2)$ aufgetragen. Wir wollen zunächst das Verhalten der Streuintensität für $\vartheta \to 0$ diskutieren. Wie man aus den Bildern 1 bis 5 ersieht, ist die Extrapolation der Streukurven bis zu Konzentrationen von etwa 0,5% (% bedeutet immer g/100 ml) zuverlässig, während sie bei höheren Konzentrationen infolge des gekrümmten Kurvenverlaufes unsicher wird. An der Probe P_4 mit der höchsten rel. Molekülmasse und dem stärksten Umbiegen der Kurven wurde deshalb die Winkelabhängigkeit in Schritten von 5° aufgenommen.

Die Werte Kc/I_0 sind in Abhängigkeit von c in Bild 6 dargestellt. Aus diesen Kurven wurden die Massemittel der rel. Molekülmassen und die zweiten und dritten Virialkoeffizienten bestimmt. Da im Bereich niedriger Konzentrationen die A_2-Werte hauptsächlich den Kurvenverlauf bestimmen, sind wir so vorgegangen, daß wir aus dem Anfangsbereich der Kurven den Anstieg entnommen, d. h. A_2 bestimmt, dann von den experimentellen Kc/I_0-Werten die Beiträge $1/M + 2A_2c$ abgezogen und aus der Auftragung dieser Differenz $\Delta\, Kc/I_0$ über c^2 den dritten Virialkoeffizienten A_3 bestimmt haben. Dann wurde der Term $3\,A_3c^2$ von den experimentellen Werten abgezogen, wobei man einen

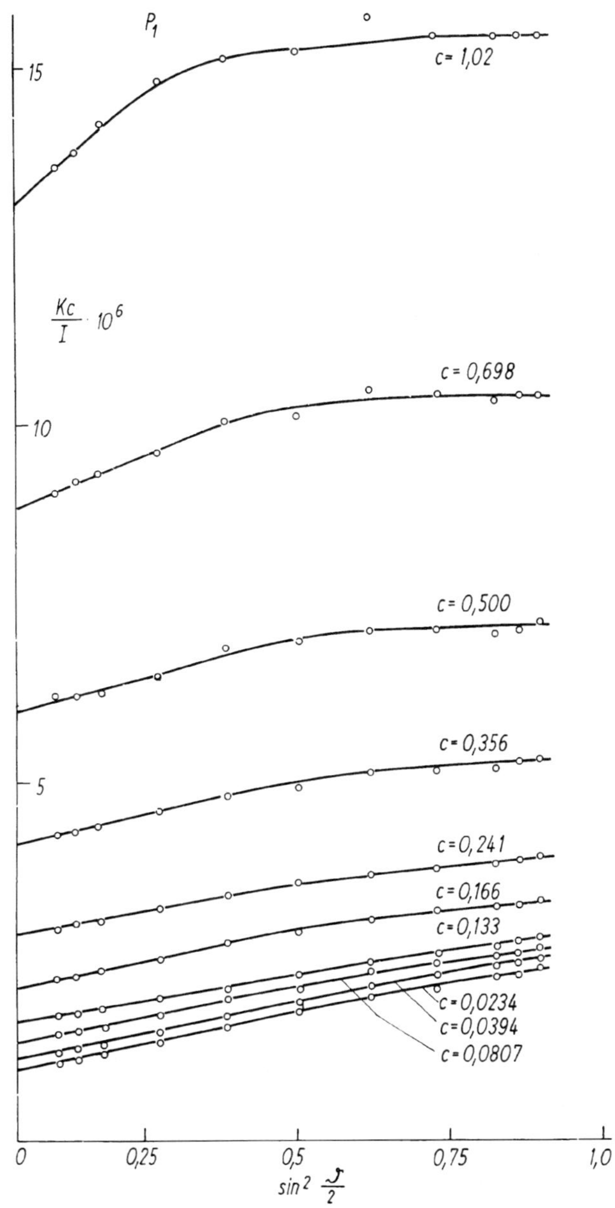

Bild 1. Streufunktion Kc/I über $\sin^2 \vartheta/2$ in Abhängigkeit von der Konzentration für die Fraktion P_1

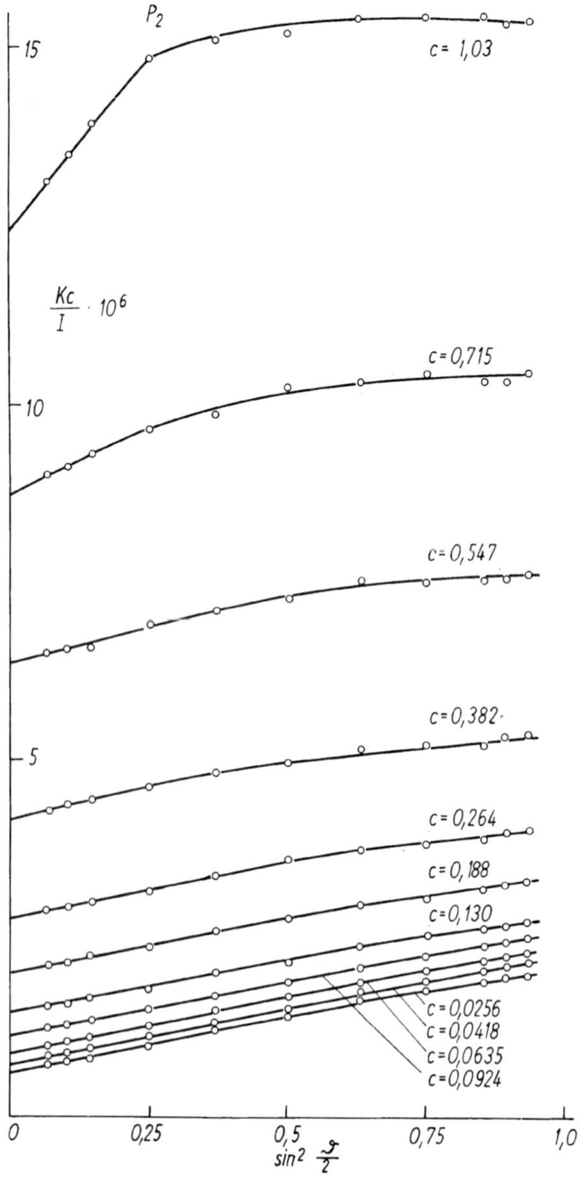

Bild 2. Streufunktion Kc/I über $\sin^2 \vartheta/2$ in Abhängigkeit von der Konzentration für die Fraktion P_2

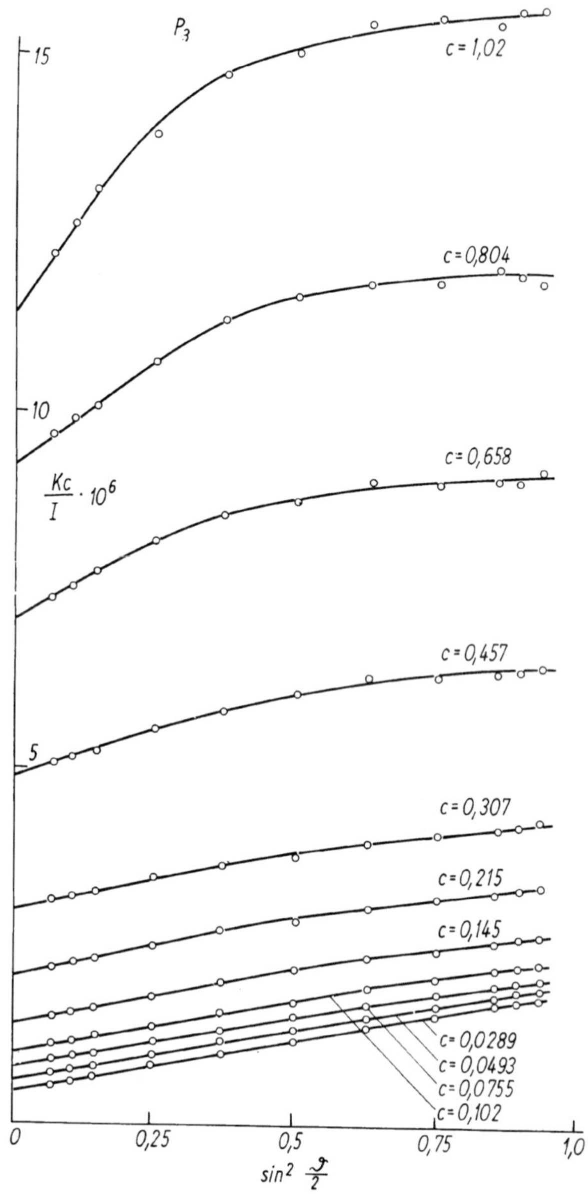

Bild 3. Streufunktion Kc/I über $\sin^2 \vartheta/2$ in Abhängigkeit von der Konzentration für die Fraktion P_3

wesentlich größeren linearen Bereich in der Darstellung Kc/I_0 über c erhält, der eine genauere Bestimmung von $1/M$ und A_2 ermöglicht. Mit den korrigierten Werten wurde nochmals A_3 bestimmt. In den Bildern 7 bis 9 ist dieses Verfahren an der Probe P_1 demonstriert. Wie man aus Bild 10 ersieht, stimmt die aus den so bestimmten M-, A_2- und A_3-Werten synthetisierte Kurve $I_0 = Kc(1/M + 2A_2 + 3A_3)^{-1}$ (ausgezogene Kurve) bis zu Konzentrationen von 0,5% sehr gut mit den Meßwerten (Kreise) überein. Aus den Maxima der Kurven I_0 über c (Bild 11) läßt sich nach Gleichung (14) ebenfalls A_3 entnehmen. Die Werte für M, A_2 und A_3 sind für die einzelnen Proben in Tabelle 1 zusammengestellt.

Betrachten wir zunächst die A_2-Werte der einzelnen Proben. Hier finden wir eine sehr schwache Abnahme der Werte mit steigender rel. Molekülmasse, was den theoretischen Erwartungen entspricht.

Tabelle 1. Relative Molekülmassen und Virialkoeffizienten

Probe	$M \cdot 10^{-6}$	$A_2 \cdot 10^6$ 100 ml/g	$A_3 \cdot 10^6$ (100 ml/g²)	A_3 aus c_{max}
P_1	1,3	3,6	2,2	2,2
P_2	2,4	3,6	2,3	2,2
P_3	3,8	3,5	2,4	2,3
P_4	7,1	3,3	1,8	2,5
P_{unfr}	2,7	3,4	2,6	2,8

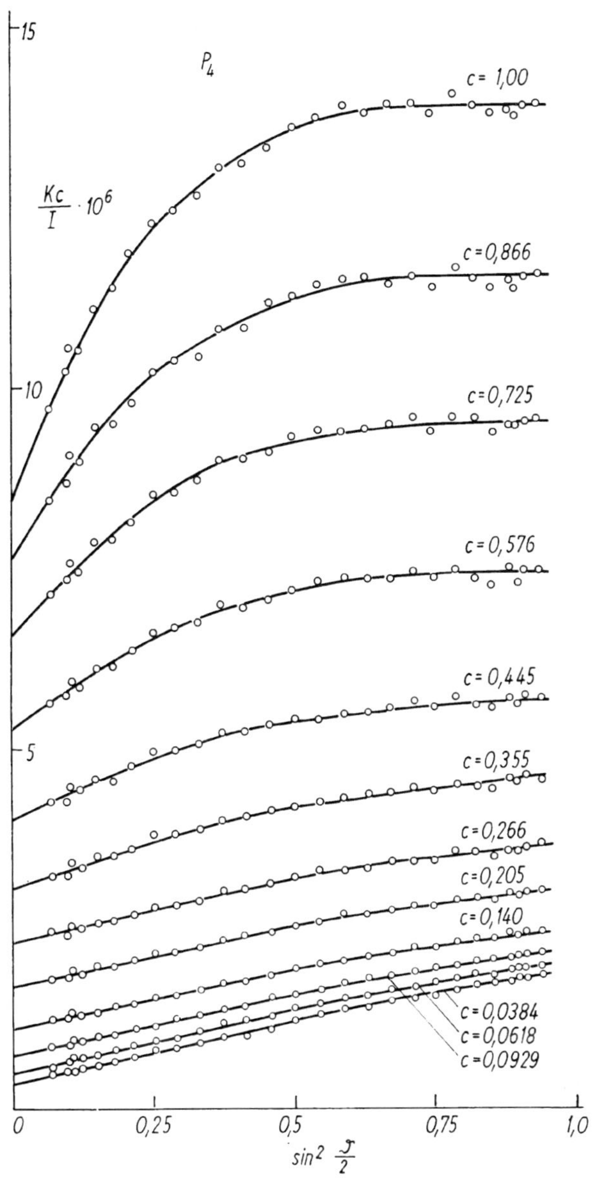

Bild 4. Streufunktion Kc/I über $\sin^2 \vartheta/2$ in Abhängigkeit von der Konzentration für die Fraktion P_4

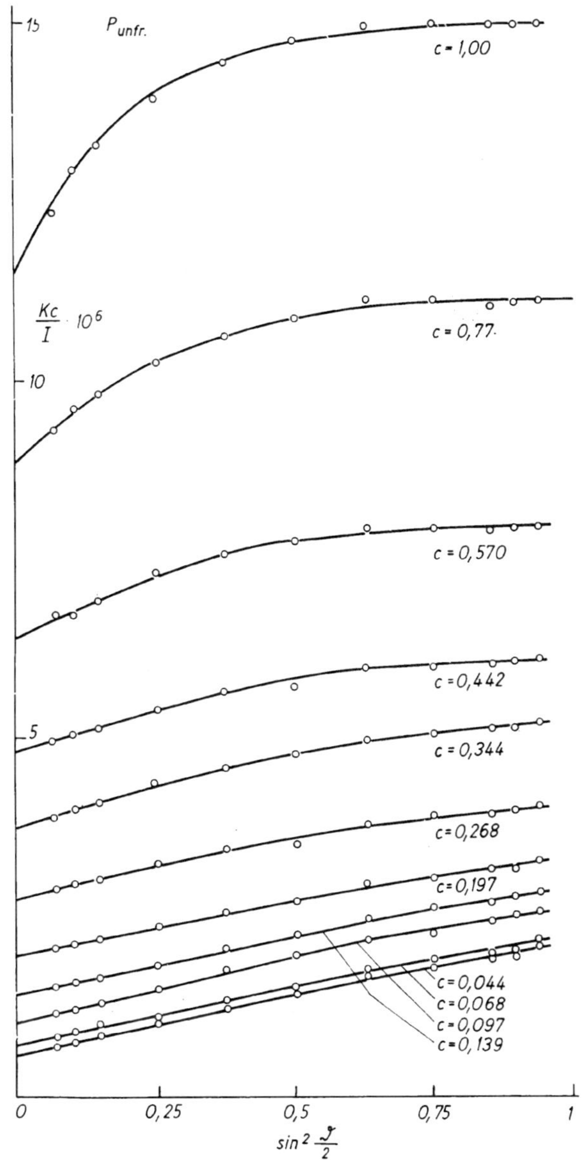

Bild 5. Streufunktion Kc/I über $\sin^2 \vartheta/2$ in Abhängigkeit von der Konzentration für die unfraktionierte Probe

Die nach den beiden Verfahren bestimmten dritten Virialkoeffizienten zeigen bis auf die Werte für die Probe P_4 eine sehr gute Übereinstimmung. Dazu ist jedoch zu sagen, daß die Werte nach beiden Verfahren mit einem Fehler von etwa 15% behaftet sind. Bei der Bestimmung von A_3 durch Anpassung der theoretischen Kurve (12) an die Meßwerte reagiert der Wert von A_3 empfindlich auf die Größe von A_2. Die Bestimmung von A_3 aus der Maximumsbedingung wird auf Grund der flach verlaufenden Maxima ungenau. Hinzu kommen die bei der Extrapolation der $I(\vartheta)$-Werte auf $\vartheta = 0$ entstehenden Fehler. Die Tendenz in den A_3-Werten, mit wachsender rel. Molekülmasse anzusteigen, ist deshalb nicht mit Sicherheit als real zu betrachten. Gesichert erscheint uns aber, daß man aus der Lage der Maxima der Streuintensität auch bei sehr hohen rel. Molekülmassen eine Bestimmung des dritten Virialkoeffizienten mit einem Fehler unter 20% durchführen kann, was mit anderen Methoden nicht möglich ist. Die Genauigkeit nimmt mit wachsendem M noch zu, da sich das Maximum dann schärfer ausprägt. Die höheren A_3-Werte der unfraktionierten Probe sind wahrscheinlich auf den Einfluß der Polydispersität zurückzuführen.

Die Diskrepanz in den A_3-Werten für die Probe P_4 ist unserer Meinung nach dadurch bedingt, daß bei dieser Probe infolge der großen Moleküldimensionen schon bei relativ niedrigen Konzentrationen Aggregate oder übermolekulare Strukturen in der Lösung vorliegen, die eine zu hohe Streuintensität bedingen. Diese Effekte wirken sich auf die Lage des Maximums nicht so stark aus, so daß der aus c_{max} bestimmte Wert ge-

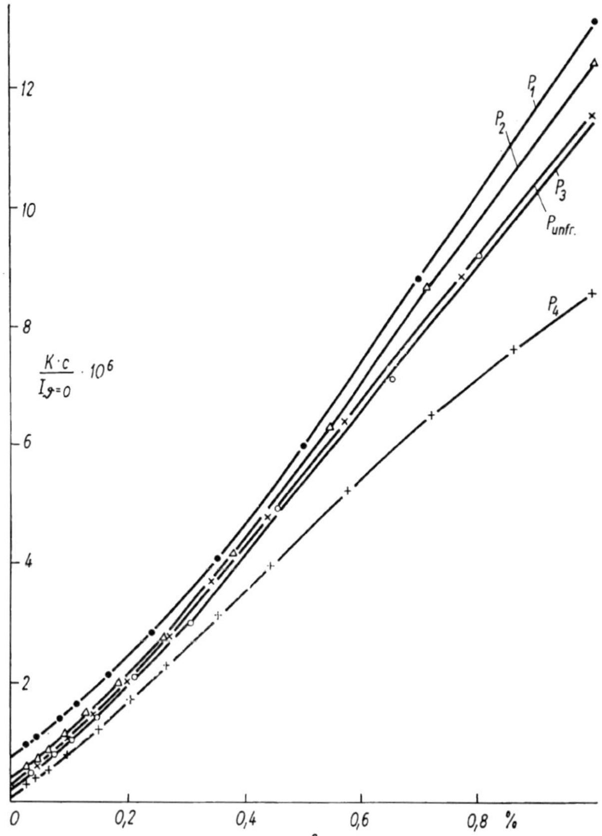

Bild 6. Konzentrationsabhängigkeit der auf $\vartheta = 0$ extrapolierten Werte Kc/I für alle untersuchten Proben

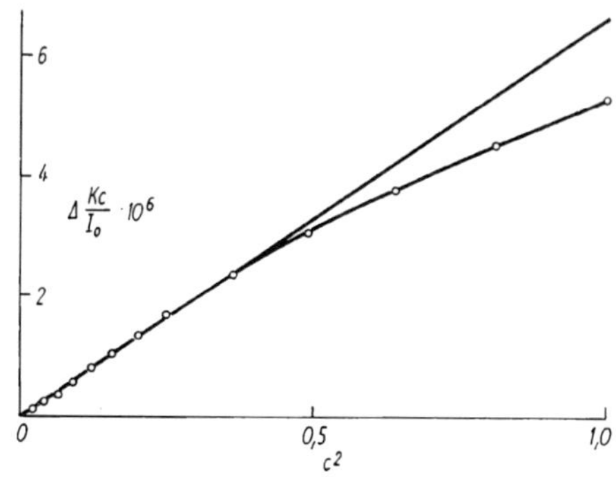

Bild 8. Bestimmung des dritten Virialkoeffizienten aus der Konzentrationsabhängigkeit von $Kc/I_0 - 1/M - 2A_2c$ für die Probe P_1

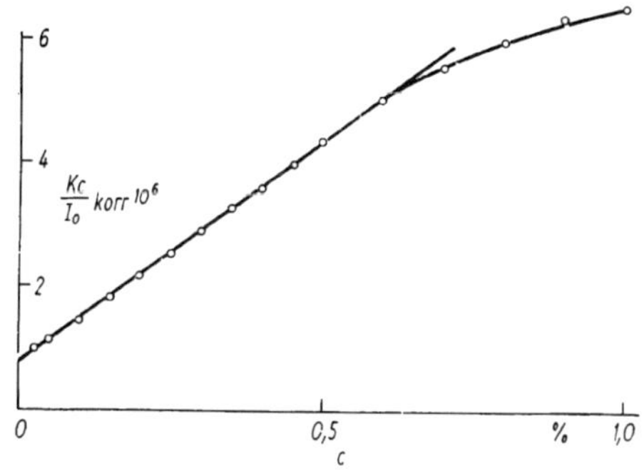

Bild 9. Bestimmung des zweiten Virialkoeffizienten aus der Konzentrationsabhängigkeit von $Kc/I_0 - 3A_3c^2$ für die Probe P_1

nauer ist. Diese Frage wird in einer weiteren Mitteilung genauer betrachtet, in der der Einfluß der Präparation der Lösungen auf die Streuintensität bei höheren Konzentrationen untersucht wird.

Für diese Deutung spricht, daß sich bei allen Proben die experimentellen Werte nur bis zu einer bestimmten Konzentration gut durch die Abhängigkeit (12) darstellen lassen (s. Bild 11). Diese kritischen Konzentrationen c_{kr} sind in Tabelle 2 angegeben. Bei höheren Konzentrationen weichen die Meßkurven nach oben ab.

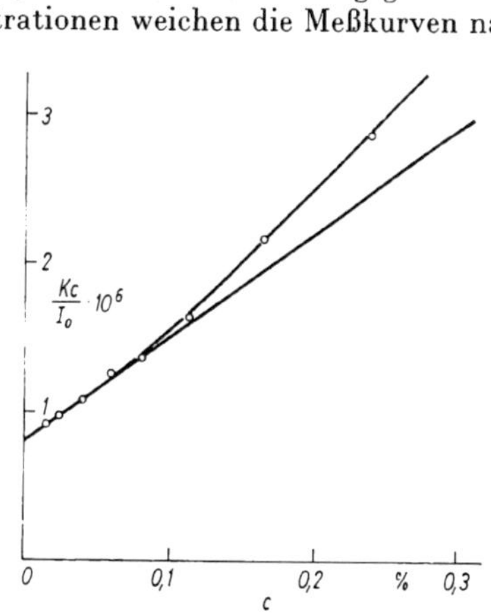

Bild 7. Bestimmung des zweiten Virialkoeffizienten aus der Konzentrationsabhängigkeit von Kc/I_0 für die Probe P_1

Je niedriger die rel. Molekülmassen und damit die Moleküldimensionen sind, desto größer ist der Konzentrationsbereich, in dem sich die Meßwerte durch die Relation (12) beschreiben lassen. Diese Effekte legen nahe, daß hier die Gültigkeitsgrenzen der Theorie erreicht sind und die in der Lösung vorliegenden Moleküle bei

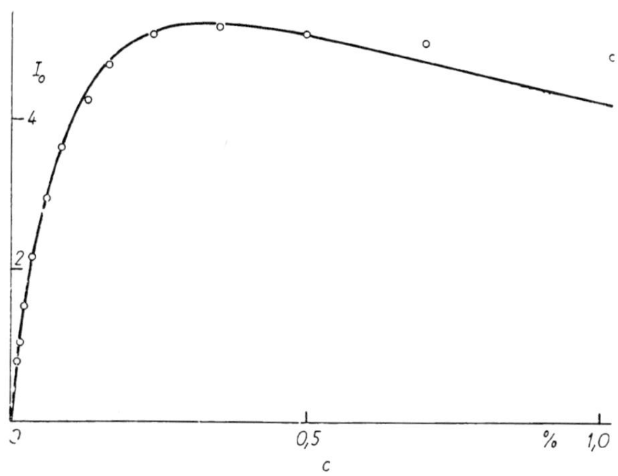

Bild 10. Vergleich der experimentell gemessenen Streuintensität I_0 mit der nach Gleichung (12) bestimmten für die Probe P_1; ausgezogene Kurve — nach Gleichung (12) bestimmt; ∘ — Meßpunkte

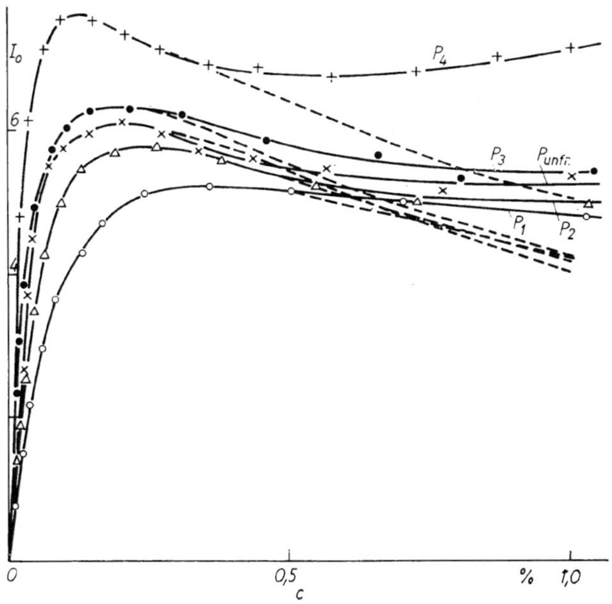

Bild 11. Vergleich der experimentell gemessenen Streuintensitäten I_0 mit den nach Gleichung (12) bestimmten Werten; ausgezogene Kurven — gemessen; gestrichelte Kurven — nach (12) bestimmt. Bei den niedrigen Konzentrationen fallen die Kurven zusammen

noch höheren Konzentrationen nicht mehr als Einzelindividuen mit *Gauß*scher Segmentverteilung um den Molekülschwerpunkt und einer Abstandsstatistik für die Molekülschwerpunkte, die sich durch die Zustandsgleichung realer Gase beschreiben läßt, betrachtet werden dürfen.

Beim Auftreten von Aggregaten und übermolekularen Strukturen ist auch eine Änderung der Streukurven Kc/I in Abhängigkeit vom Streuwinkel zu erwarten, und zwar ein steilerer Abfall der Kurven zu kleinen Winkeln. Bei Betrachtung der Bilder 1 bis 5 sieht man, daß dieser Effekt etwa bei den kritischen Konzentrationen einsetzt. Aus den Anstiegen haben wir in üblicher Weise die Gyrationsradien bestimmt und in Bild 12 in Abhängigkeit von der Konzentration aufgetragen. Bei Erhöhung der Konzentration findet man zunächst eine leichte Abnahme der Gyrationsradien, was mit steigender rel. Molekülmasse stärker ausgeprägt ist. Dieses Ergebnis stimmt mit den Messungen in Arbeit [1] überein und ist durch eine Kompression der Polymermoleküle infolge gegenseitiger Störung bedingt. Bei weiterer Zunahme der Konzentration be-

Tabelle 2. Abschätzung der Packungsdichte der Moleküle in der Lösung

Probe	c_{kr} %	N bei $c = 1\%$	c_0 %	$\frac{m_P}{m_L}$
P_1	0,55	11,0	0,091	$1{,}0 \cdot 10^{-3}$
P_2	0,53	14,9	0,067	$7{,}6 \cdot 10^{-4}$
P_3	0,40	19,0	0,053	$6{,}0 \cdot 10^{-4}$
P_4	0,35	31,7	0,032	$3{,}6 \cdot 10^{-4}$
P_{unfr}	0,40	16,1	0,062	$7{,}0 \cdot 10^{-4}$

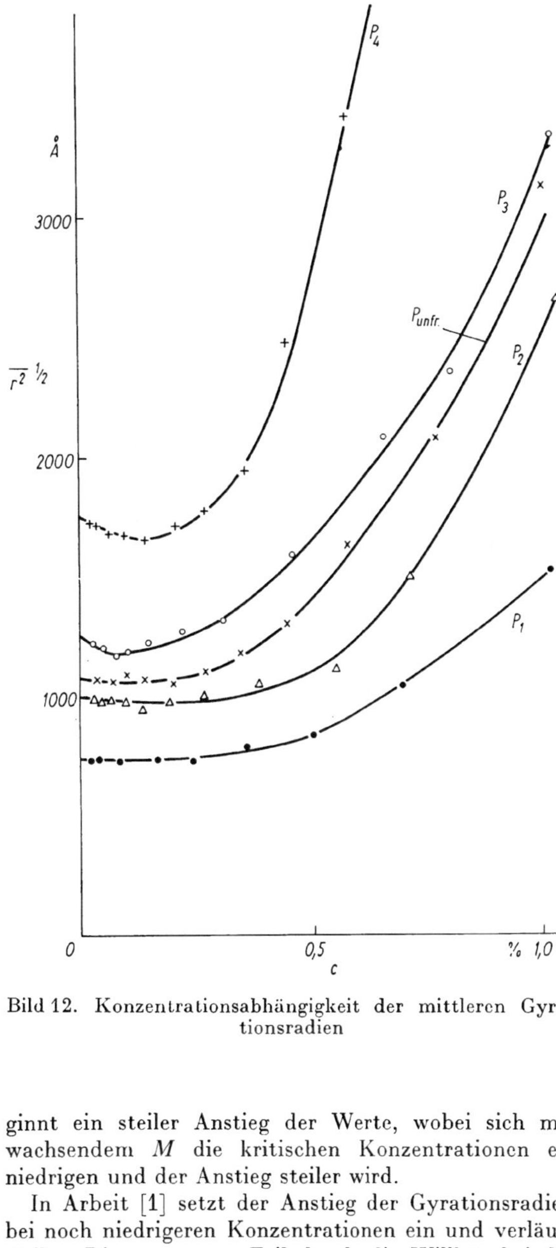

Bild 12. Konzentrationsabhängigkeit der mittleren Gyrationsradien

ginnt ein steiler Anstieg der Werte, wobei sich mit wachsendem M die kritischen Konzentrationen erniedrigen und der Anstieg steiler wird.

In Arbeit [1] setzt der Anstieg der Gyrationsradien bei noch niedrigeren Konzentrationen ein und verläuft steiler. Dies mag zum Teil durch die Willkür bei der Extrapolation der Kurven gegen $\vartheta = 0$ bedingt sein. Unserer Meinung nach besitzen aber auch die Präparationsbedingungen der Lösungen einen wesentlichen Einfluß auf den Verlauf der Streukurven bei höheren Konzentrationen (s. Teil II, in Vorbereitung). Während *Benoit* und *Picot* von einer verdünnten Lösung ausgingen und die höheren Konzentrationen durch Verdunsten herstellten, reinigten wir die Lösung mit der höchsten Konzentration und verdünnten sie sukzessiv. Diese unterschiedliche Präparation wird sich sicher auf die Ausbildung von Aggregaten und übermolekularen Strukturen in der Lösung auswirken.

Von Interesse ist noch das Verhalten der asymptotischen Anstiege. In verdünnten Lösungen kann man aus den asymptotischen Anstiegen bei Berücksichtigung der Polydispersität den mittleren Fadenendpunktabstand bestimmen, wobei in guten Lösungsmitteln die

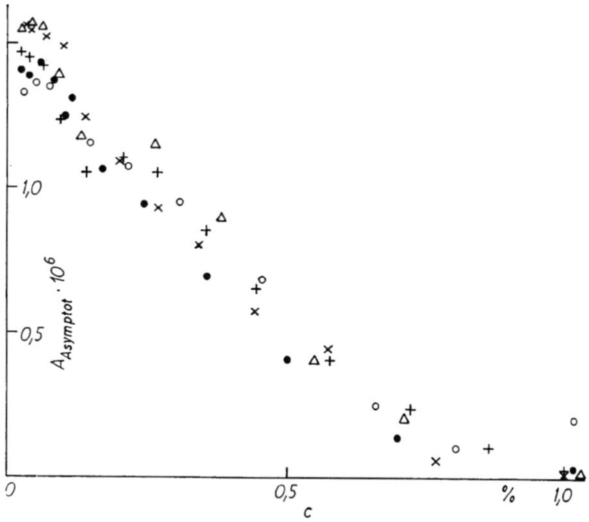

Bild 13. Konzentrationsabhängigkeit der asymptotischen Anstiege

• — P_1, △ — P_2, ○ — P_3, + — P_4, × — $P_{unfr.}$

Kurven über $(\sin^2 \vartheta/2)^{3/2 \cdot (a+1)}$ aufzutragen sind (s. [8, 9]), mit a = Exponent von M in der *Mark/Houwink*-Gleichung. (Von uns wurde für a der Wert 0,67 benutzt, s. [1].) Der asymptotische Anstieg ist dann proportional zu $L^{\overline{2}\,3/2(a+1)}$. In Bild 13 haben wir die asymptotischen Anstiege für die untersuchten Proben in Abhängigkeit von der Konzentration aufgetragen. Für alle Proben gehen die Anstiege bei höheren Konzentrationen gegen Null. Wir möchten aus diesem Verhalten schließen, daß bei höheren Konzentrationen die asymptotischen Anstiege nicht mehr die Eigenschaften der Einzelmoleküle widerspiegeln, sondern durch die Ausbildung eines homogeneren Netzwerkes bedingt werden. Die theoretische Deutung des asymptotischen Verhaltens bei höheren Konzentrationen in Arbeit [1] erscheint uns fraglich, da man in diesen Konzentrationsbereichen sicher eine Netzstruktur der Lösungen annehmen muß, so daß die unter Voraussetzung der freien Orientierbarkeit der Moleküle erhaltenen theoretischen Voraussagen in diesem Gebiet nicht mehr zutreffen.

Um eine Vorstellung von der Packungsdichte der Moleküle in der Lösung zu bekommen, haben wir abgeschätzt, wieviel Moleküle N bei einer 1%igen Lösung in einem Volumen vorliegen, das von einem Molekül bei unendlicher Verdünnung eingenommen wird. Setzt man zur Berechnung des Molekülvolumens das Modell einer Kugel mit einem mittleren Durchmesser $d = 0{,}92 \cdot (6\overline{r^2})^{1/2}$ voraus (d — mittlere Abmessung eines *Gauß*schen Knäuels in beliebiger Richtung), so erhält man die in Tabelle 2 angegebenen Werte. In Tabelle 2 sind weiterhin noch die Konzentrationen c_0 angegeben, bei denen gerade das gesamte Lösungsvolumen durch die Knäuel ausgefüllt wird, und das Verhältnis der Knäuelmasse zur Lösungsmittelmasse in dem von einem Knäuel bei unendlicher Verdünnung eingenommenen Volumen. Man sieht, daß schon bei sehr niedrigen Konzentrationen die Knäuel das gesamte Lösungsvolumen ausfüllen. Aus der schwachen Änderung der Gyrationsradien bis zu den Konzentrationen c_{kr} muß man auf eine starke gegenseitige Durchdringung der Knäuel schließen. So ist es zunächst überraschend, daß die Theorie, die auf der freien Orientierbarkeit der Moleküle basiert, bis zu wesentlich höheren Konzentrationen eine sinnvolle Beschreibung der Streukurven liefert. Dies ist jedoch durch den geringen Anteil der Polymermasse im Knäuelvolumen zu erklären, die unterhalb 1‰ liegt. Berücksichtigt man noch, daß ein gutes Lösungsmittel die Segmente der Polymermoleküle möglichst auf Distanz hält, so wird verständlich, daß selbst bei Konzentrationen, bei denen mehrere Knäuel in dem bei unendlicher Verdünnung von einem Knäuel beanspruchten Volumen vorliegen, sich die Moleküle unter geringen Deformationen leicht gegenseitig durchdringen.

Abschließend möchten wir nochmals das Strukturmodell angeben, das durch unsere Meßergebnisse nahegelegt wird.

Die in hochverdünnten Lösungen isoliert vorliegenden Moleküle durchdringen sich bei höheren Konzentrationen gegenseitig, wobei sich aber zunächst ihre Dimensionen wenig ändern und ihre freie Beweglichkeit erhalten bleibt. In diesem Gebiet lassen sich aus den Streukurven die Molekülabmessungen und der zweite und dritte Virialkoeffizient bestimmen. Eine weitere Erhöhung der Konzentration führt zur Bildung eines homogeneren Netzwerkes, das die starke Abnahme des asymptotischen Anstiegs bedingt. Diesem Netzwerk sind Aggregate oder übermolekulare Strukturen überlagert, die das Streuverhalten für kleine Winkel bestimmen. Interessant ist noch, daß die Streuintensität bei diesen Konzentrationen nur schwach von der rel. Molekülmasse abhängt, was mit der angegebenen Deutung in Einklang steht.

Für die sorgfältige Mitarbeit bei den experimentellen Untersuchungen danke ich Frau *B. Preiß*.

Literatur

[1] *Benoit, H.*, und *Picot, C.*: Étude par diffusion de la lumière des solutions macromoleculaires moyennement concentrées. J. pure appl. Chem. **12** (1966) S. 545—561.

[2] *Zimm, B. H.*: The scattering of light and the radial distribution function of high polymer solutions. J. chem. Physics **16** (1948) S. 1093—1099.

[3] *Flory, P. J.*, und *Bueche, A. M.*: Theorie of light scattering by polymer solutions. J. Polymer Sci. **27** (1958) S. 219—229.

[4] *Hirschfelder, J. O.*, *Curtiss, Ch. F.*, und *Bird, R. B.*: Molecular theory of gases and liquids. New York/London: Wiley & Sons 1954, S. 121ff.

[5] *De Boer, J.*: Molecular distribution and equation of states of gases. Reports Progr. Physics **12** (1949) S. 305 bis 374.

[6] *Houben-Weyl*: Methoden der organischen Chemie. Makromolekulare Stoffe, Bd. 1, S. 91ff.

[7] *Huglin, M. B.*: Specific refraction index increments of polymer solutions. Part I. Literature values. J. appl. Polymer Sci. **9** (1965) S. 3963—4001.

[8] *Pticyn, O. B.*: Geometrie linearer Polymerer. V. Lichtstreuung an Polymerclustern und Volumeneffekt. Ž. fizič. Chimii (Z. physik. Chemie) **31** (1957) S. 1091 bis 1102.

[9] *Louchex, C.*, *Weill, G.*, und *Benoit, H.*: A theoretical and experimental study of light scattered by chain macromolecules in good solvents J. Chim. Physique **55** (1958) S. 540—546.

Eingegangen am 10. Dezember 1969

Kaltreckung von linearen Polymeren

Miloslav Kudrna
Institut für Makromolekulare Chemie der ČSAW, Praha-Petřiny

DK 678.5/.8.027.42:677.494.021.64:677.494.021.97:016

Die hauptsächlichsten Theorien und Vorstellungen über den Mechanismus der Kaltreckung von Polymeren werden anhand der Literatur beschrieben.

Холодная вытяжка линейных полимеров

На основе литературных данных описаны основные теории и представления о механизме холодной вытяжки полимеров.

Cold Drawing of linear Polymers

The principal concepts and theories concerning the mechanism of cold drawing are described on the basis of the literature.

1. *Mathematisch-geometrische Beschreibung des Effektes der Kaltreckung*

Der Kaltreckung genannte Effekt kann mathematisch durch ein Verfahren beschrieben werden, das ursprünglich von *Considère* in der Theorie der Deformation der Metalle angewendet wurde. Dieses Verfahren beschreibt die Spannung σ als eine Funktion der Zugdeformation ε. Die Spannung kann sich entweder auf den ursprünglichen Querschnitt ($\sigma_0 = P/A_0$, wo P die Zugkraft und A_0 der Anfangsquerschnitt des Prüflings ist) oder auf den wirklichen Querschnitt beziehen ($\sigma = P/A$, wo A der Querschnitt des Prüflings bei einer bestimmten Deformation ε ist). Die Zugdeformation ε ist wie folgt definiert:

$\varepsilon = (l - l_0)/l_0$, wo l und l_0 die Länge des Prüflings nach bzw. vor der Deformation bedeuten.

Wenn man annimmt, daß sich das Volumen des Prüflings während der Deformation nicht verändert, gilt: $Q_0 l_0 = Q l$ und ebenso $l = l_0(1 + \varepsilon)$. Daher ist $\sigma = \sigma_0(1 + \varepsilon)$.

Zwischen den Spannungen von σ_0, σ und der Deformation ε gilt:

$$\sigma_0 = \frac{\sigma}{(1+\varepsilon)}. \tag{1}$$

Der Verlauf dieser Abhängigkeit kann monoton sein, es können aber auch Extremwerte auftreten, was aus den experimentellen Kurven deutlich wird, die die Abhängigkeit von σ_0 von der Deformation darstellen. Für den Extremwert der Funktion (1) gilt:

$$\frac{d\sigma_0}{d\varepsilon} = \frac{1}{(1+\varepsilon)^2}\left[(1+\varepsilon)\frac{d\sigma}{d\varepsilon} - \sigma\right] = 0. \tag{2}$$

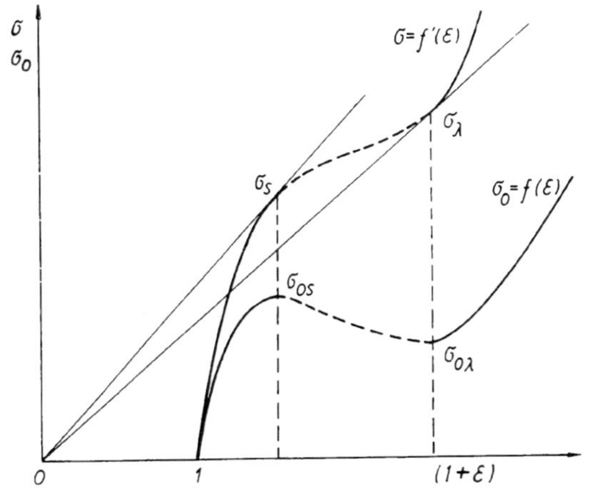

Bild 1· Kaltreckung. Abhängigkeit der Spannung von der Größe der Deformation

Der Ausdruck in Klammern muß gleich Null sein:

$$\frac{d\sigma}{d\varepsilon} = \frac{\sigma}{1+\varepsilon} \quad \text{für } \sigma_{0\max} = \sigma_{0s}. \tag{3}$$

Auf diese Weise ist für die Kurve $\sigma_0 = f(\varepsilon)$ der Punkt σ_{0s} und für die Kurve $\sigma = f'(\varepsilon)$ der Punkt σ_s, der Fließgrenze genannt wird, definiert. Der Richtungskoeffizient der vom Koordinatenursprung zu dem Punkt σ_s geführten Tangente hat den Wert σ_{0s}.

Im Punkte σ_{0s} bewirkt eine lokale Spannungserhöhung in dem Prüfling einen starken Anstieg der Deformation (denn $d\sigma_0/d\varepsilon = 0$), und der Probenquerschnitt nimmt an dieser Stelle ab (Entstehung einer Einschnürung). Das Polymere verfestigt sich jedoch und verringert seinen Querschnitt deshalb nur bis zu einem gewissen Grade. Die Schwächung schreitet in dem Prüfling bis zum völligen Verschwinden des ungeschwächten Teiles weiter fort. Von diesem Moment an wird $d\sigma_0/d\varepsilon$ positiv, und die Deformation ist wieder homogen (Bild 1).

Die Kurve $\sigma = f'(\varepsilon)$ hat in dem Abschnitt von σ_s bis σ_λ keinen Sinn, denn es existieren gleichzeitig Abschnitte des Prüflings mit unterschiedlichen Querschnitten und infolgedessen mit unterschiedlichen wahren Spannungen.

Für den Punkt $\sigma_{0\lambda}$ gilt ebenfalls die Beziehung (3), mit dem Unterschied, daß es sich um eine Minimumfunktion handelt. Weil die Kurve $\sigma_0 = f(\varepsilon)$ keinen Extremwert besitzt, ist die Reckung homogen (ohne Einschnürung).

2. *Experimentalkurve der Kaltreckung und ihre Charakteristik*

Die Kurve der Abhängigkeit σ_0 von ε bei konstanter Deformationsgeschwindigkeit kann zwei Grundformen haben (Bild 2). Die Kurve A stellt die nichthomogene und die Kurve B die homogene Kaltreckung dar.

Die Kurven werden durch folgende Punkte charakterisiert:

σ_{0s} ist die Fließgrenze,
σ_{0D} ist die Spannung der nichthomogenen Deformation,
$\sigma_{0\lambda}$ ist die Spannung, die dem Ende der Verfestigungsperiode entspricht.

Das Verhältnis der Längen des Prüflings, das den Spannungen $\sigma_{0\lambda}$ und σ_{0s} entspricht, ist das sogenannte natürliche Reckverhältnis $\lambda p = l_{0\lambda}/l_{0s}$. Es ist auch durch das Verhältnis der Querschnitte des gereckten und des ungereckten Teiles des Prüflings definiert und ist im Koexistenzbereich der beiden Abschnitte konstant. *Marhall* und *Thompson* [1, 2] definieren das natürliche Reckverhältnis dynamisch. Wenn man die Faser mit der Geschwindigkeit v_0 der Einschnürung zuführt und sie mit der Geschwindigkeit v von der Einschnürung wegführt, gilt

$$\lambda_p = \frac{v}{v_0}. \tag{4}$$

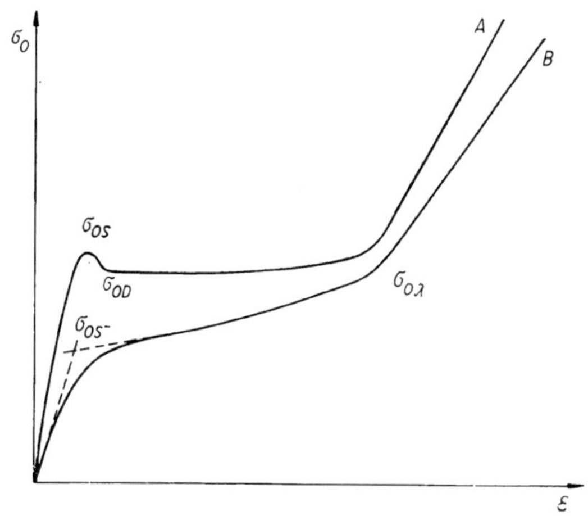

Bild 2. Deformationskurven der inhomogenen (*A*) und homogenen (*B*) Reckung

3. Experimentelle Bedingungen, die Form und Charakteristik der Deformationskurve beeinflussen [3 bis 6]

Durch steigende Temperatur werden die Werte σ_{0s} und σ_{0D} erniedrigt. Gleichzeitig wird auch ihr Verhältnis kleiner. In dem Intervall $\langle \sigma_0 = 0, \ \sigma_{0s} \rangle$ sinkt $d\sigma_0/d\varepsilon$ und der Abschnitt zwischen σ_{0s} und $\sigma_{0\lambda}$ wird kürzer. Die inhomogene Reckung geht — besonders in der Nähe von Tg — in eine homogene über.

Die Anwesenheit niedermolekularer Stoffe hat einen ähnlichen Effekt wie die Temperaturerhöhung [7].

Durch eine Erhöhung der Deformationsgeschwindigkeit werden die Werte σ_{0s} und $d\sigma_{0s}/d\varepsilon$ erhöht. Ihre Erniedrigung führt oftmals zu einem Übergang der nichthomogenen Reckung in eine homogene. Die Beziehung zwischen der Deformationsgeschwindigkeit v und der Größe σ_{0s} läßt sich nach *Lazurkin* [5] durch die empirische Gleichung

$$\sigma_s = A + B \log v \quad (5)$$

ausdrücken.

Zu dieser Beziehung gelangten auch andere Autoren, die von theoretischen Erwägungen, besonders von der *Eyring*schen Viskositätstheorie [8] ausgingen; die Konstanten A und B erhalten auf diese Weise unterschiedliche physikalische Bedeutung [9 bis 11].

Die Größe σ_{0D} hängt nicht von der Deformationsgeschwindigkeit ab [12].

Bei anomalen Deformationsgeschwindigkeiten (z. B. $2{,}6 \cdot 10^5\%$ pro Minute) nimmt die Deformationskurve eine ungewöhnliche Form an, die aber nicht allgemein ist und besonders auffällig bei Polyhexamethylenadipamid auftritt [13].

Eine Anfangsorientierung des Polymeren erhöht die Werte σ_{0s} und $d\sigma_{0s}/d\varepsilon$ und überführt die nichthomogene Deformation in eine homogene. Auch die Temperaturen, denen der Prüfling vor der Deformation ausgesetzt war, sind ebenso wie die Kristallinität [15] von besonderer Bedeutung [6, 14]. Ein größerer Querschnitt des Prüflings führt zur nichthomogenen Deformation. Durch Erhöhung des Polymerisationsgrades erhöht sich nach *Kargin* [16] auch die Größe σ_{0D}. Der Einfluß der Temperatur und der Deformationsgeschwindigkeit auf λ_p ist von der Definition von λ_p und von den experimentellen Methoden [15] abhängig.

4. Phänomenologische Theorie des Kaltreckungseffektes

Der Kaltreckungseffekt tritt bei linearen Polymeren allgemein auf. Sein Verlauf ist jedoch nicht allgemein inhomogen. So bilden z. B. Polyamide, Polyester, Polyäthylen, Polypropylen, Polycarbonate, Polyvinylchlorid, Polystyrol usw. Einschnürungen oder Fließzonen. Cellulose und einige ihrer Derivate recken nur homogen, denn die Vernetzung der Makromoleküle und die Starrheit der Ketten machen ein Gleiten unmöglich.

Auch die Struktur im Sinne der Kristallinität ist nicht entscheidend. Einige Polymere gehen durch Kaltreckung aus dem amorphen in den kristallinen Zustand über (Polyäthylenterephthalat), oder sie zeigen eine Erhöhung der Kristallinität, bzw. eine Änderung der Modifikation (Polyamide), oder sie gehen sogar aus dem kristallinen in den amorphen Zustand über, wie dies bei Natriumthymonucleat [17] beobachtet wurde.

Die phänomenologische Theorie versucht diese Erscheinung wenn möglich allgemein, ohne besondere Rücksicht auf die Struktur des Polymeren [18], durch Begriffe aus der Mechanik bzw. der Thermodynamik zu erklären.

4.1. Adiabatische Theorie

Die Autoren dieser Theorie sind *Müller, Jäckel* u. a. [12]) und *Marshall* und *Thompson* [1, 2, 19].

Wenn auf ein lineares Polymeres eine Zugkraft wirkt, so erhöht sich infolge der mechanischen Inhomogenität des Polymeren an einer gewissen Stelle die Spannung, die an dieser Stelle ein Fließen und eine Orientierung der Molekülketten hervorruft. Die Entropie wird erniedrigt und es wird Wärme frei.

Wenn der Prozeß genügend rasch verläuft, so verläuft er adiabatisch und die Temperatur an der Stelle der Einschnürung steigt an. Durch Wärmeleitung werden die der Einschnürung benachbarten Teile des Polymeren erwärmt, die zum Fließen notwendige Spannung verringert sich und das Fließen schreitet fort. Die mechanische Energie wird in Wärmeenergie umgewandelt und ermöglicht auf diese Weise das Fortschreiten der Fließzone (Einschnürung) in die ungereckten Teile des Polymeren hinein, bis das gesamte ungereckte Polymere in gerecktes umgewandelt ist, das einen höheren Ordnungsgrad besitzt.

Marshall und *Thompson* [1] reckten isotherm Polyäthylenterephthalatfasern bei verschiedenen Temperaturen, wodurch sie eine Reihe von Deformationsisothermen erhielten. Aus diesen Kurven errechneten sie die unter der Voraussetzung eines adiabatischen Deformationsverlaufes für verschieden große Deformationen benötigte Energie und die entsprechende Temperaturerhöhung der Prüflinge. Sie erhielten auf diese Weise eine adiabatische Deformationskurve, die in ihrer Form der experimentellen Kurve entsprach. Dabei berücksichtigten sie nicht die Kristallisationswärme und die verbrauchte elastische Potentialenergie. Sie wiesen nach, daß die aus der mechanischen Reckarbeit herrührende Wärme einen grundlegenden Einfluß auf den Kurvenverlauf hat. Ferner berechneten sie die Länge der Fließzone, d. h. die eigentliche Länge der Einschnürung, und erhielten eine gute Übereinstimmung mit der Wirklichkeit.

Diese Berechnung basierte auf der Voraussetzung, daß die Wärme der zweiten Hälfte der Einschnürung, in der der Reckprozeß bereits beendet ist, in die erste Einschnürungshälfte geführt wird, wodurch hier die Temperatur steigt und dadurch eine weitere Reckung erleichtert wird. Diese Annahme ist aber nicht ganz berechtigt, denn die Wärme wird auch in die ausgereckten Teile des Prüflings abgeführt. Die Autoren versuchten auch das natürliche Reckverhältnis für verschiedene Anfangstemperaturen der adiabatischen Reckung zu berechnen. Sie erreichten hier aber keine befriedigende Übereinstimmung mit dem Experiment. Die grundsätzliche Schwierigkeit liegt darin begründet, daß die isothermen Kurven durch homogene Deformation erhalten wurden, so daß die Deformation über die ganze Probe hin verlief, während sie bei der adiabatischen Deformation nur in der Fließzone verläuft, so daß die Reckgeschwindigkeiten größenordnungsmäßig verschieden sind.

Müller und *Engelter* [20] gründeten ihre adiabatische Theorie auf die Tatsache, daß die in Wärme umgewandelte mechanische Reckarbeit eine Erhöhung der Temperatur des Polymeren auf eine charakteristische Temperatur an der Einschnürungsstelle hervorruft, die entweder der Schmelztemperatur der Kristallite oder der Temperatur des Glasübergangs entspricht. Diese Temperaturen bestimmten sie durch Auftragen der Spannung σ_{0D} (Bild 2, Kurve *A*), die sie aus den Deformationskurven erhielten, gegen die Recktemperatur und Extrapolation auf die Spannung Null (Bild 3). Sie erhielten auf diese Weise eine gute Übereinstimmung mit den Werten der Schmelztemperaturen der Kristallite bzw. mit T_g.

Dies wurde auch durch eine Berechnung [21] bestätigt, die von der Annahme ausging, daß die dem Polymeren bei der adiabatischen Reckung gelieferte Energie dem Zuwachs der Enthalpie entspricht. Vernachlässigt man die durch die Deformation bewirkte Volumenänderung des Polymeren, so kann anstelle der Enthalpie die innere Energie E verwendet werden.

Die Änderung der freien Energie der Reckung ist dann

$$\Delta F = \Delta E - T\Delta S. \tag{6}$$

$T\Delta S$ ist diejenige Wärmemenge, die durch die innere Reibung bei der Reckung entsteht und die sich schließlich auf die Umgebung verteilt. Sie läßt sich aus der spezifischen Wärme des Polymeren berechnen:

$$T\Delta S = C_p \Delta T. \tag{7}$$

Der Wert ΔF läßt sich angenähert aus der Differenz der spezifischen Wärmen von gerecktem und ungerecktem Polymeren errechnen und ΔE erhält man durch Integration der unter der Deformationskurve befindlichen Fläche. Dann kann man auch ΔT errechnen, das die durch das Recken in der Einschnürung verursachte Temperaturerhöhung darstellt.

Die durch das Recken bewirkte Temperaturerhöhung wurde später exakt in einem Gas-Mikrokalorimeter [22, 23] gemessen.

Die nach den genannten Verfahren berechneten Einschnürungstemperaturen ergeben meist höhere Werte als die Temperatur des Glasübergangs bzw. die Temperatur des Schmelzens der Kristallite. Dies erklärt man mit experimentellen Fehlern. So kühlt sich z. B. zu Beginn der Reckung kurz vor Ausbildung der Fließzone das Polymere um einige Grade ab, so daß ΔT von einer niedrigeren Temperatur aus

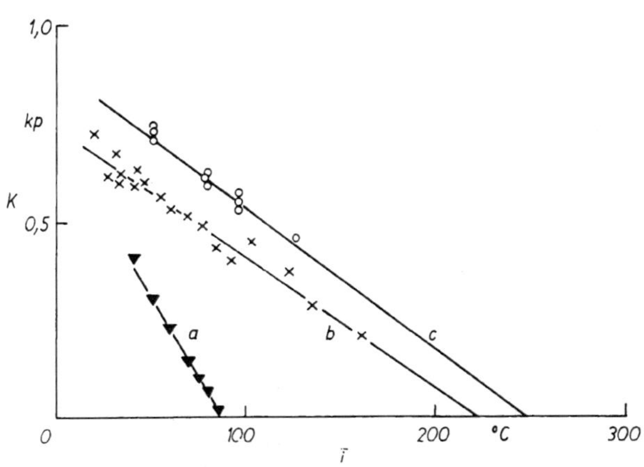

Bild 3. Konstante Kraft K, die der Reckspannung entspricht, aufgetragen gegen die Temperatur [12]
a — Polyvinylchlorid
b — Polyamid
c — Polycarbonat

berechnet werden müßte. Der Wert der spezifischen Wärme ist von der Temperatur abhängig; er steigt besonders in der Umgebung der Schmelztemperatur der Kristallite stark an. Höhere Werte der spezifischen Wärme führen nach [1] zu niedrigeren Werten von ΔT.

Eine Energiebilanz der heterogenen Reckung von Polyhexamethylenadipamid ermittelte auch *Hookway* [3]. Er stellte dabei fest, daß zu jeder Reckgeschwindigkeit eine bestimmte Temperatur T_c gehört, oberhalb derer die Rekkung nur homogen verläuft. Er drückte σ_{0D} als Funktion der Temperatur T aus:

$$\sigma_{0D} = a + b(T_c - T). \tag{8}$$

Die Temperatur T_c identifizierte er mit der Temperatur der Einschnürung und bewies, daß sie von der Reckgeschwindigkeit und von dem Ausgangszustand des ungereckten Polymeren abhängig ist. Er bezweifelte damit, daß die Temperatur der Einschnürung in einfacher Weise mit der Schmelztemperatur T_m zusammenhängt.

Seine Energiebilanz war auf die Berechnung der Änderung der inneren Energie bei heterogener Reckung ausgerichtet. Er kam zu dem Schluß, daß bei der Reckung von Polyhexamethylenadipamid eine teilweise Zerstörung der Kristallite erfolgt und nach dem Übergang der Fließzone eine Rekristallisation eintritt. Diese Vorgänge äußern sich in einer Änderung der inneren Energie. Sie erreichen ein Maximum, bei einem maximalen natürlichen Reckverhältnis, bei dem die Einschnürung am schärfsten und die Umgruppierung der Moleküle während des Orientierens am intensivsten ist. Es tritt völlige Rekristallisation ein, bei der die Änderung der inneren Energie konstant und gleich der latenten Schmelzwärme des ungereckten Polymeren sein muß.

Hookway bewies experimentell, daß die Temperatur der Einschnürung bei nichthomogener Reckung von den experimentellen Bedingungen abhängt. Er nahm an, daß die Zugkraft in der Einschnürung eine radiale Spannung hervorruft. Er berechnete die radiale Spannung aus der Zugkraft und den Ausmaßen der Einschnürung [24] und verwendete sie in der *Clapeyron*schen Gleichung zur Berechnung des Einflusses der Spannung auf die Erniedrigung der Schmelztemperatur.

Die Anwendung dieser Gleichung ist nicht ganz berechtigt, denn sie beschreibt die Änderung im Gleichgewichtszustand zwischen zwei Phasen. Auch wenn es sich bei der heterogenen Reckung um die Umwandlung der nichtorientierten in eine orientierte Phase handelt, so stehen diese Phasen nicht im thermodynamischen Gleichgewicht. Trotzdem stellte *Hookway* fest, daß die radiale Spannung in der Einschnürung, die als hydrostatischer Druck betrachtet wird, die Größe T_m von Polyhexamethylenadipamid um 20 bis 200 grd erniedrigen kann. Unabhängig von diesen Berechnungen bestimmten *Badami* u. a. [24] experimentell (leider ohne Beschreibung der Methodik) bei der Reckung von Polyhexamethylenadipamid Temperaturen von 40 bis 200 °C in Abhängigkeit von der Reckgeschwindigkeit und dem Reckverhältnis.

4.2. Kritiken der adiabatischen Theorie

Vincent [25] ging von den Studien der Deformationskurven und von der geometrischen Analyse von *Considère* (s. Abschnitt 1) aus. Das Verhältnis $d\sigma/d\varepsilon$ bezeichnete er als Tangentenmodul und seine Erniedrigung bzw. Erhöhung als Erweichung bzw. Verfestigung.

Weil auf das Polymere eine Zugkraft einwirkt, wird es in Richtung dieser Kraft deformiert, und der Wert $d\sigma/d\varepsilon$ sinkt bis zu dem Augenblick, in dem $d\sigma/d\varepsilon = \sigma/(1 + \varepsilon)$ ist. Nach diesem Punkt (s. Bild 1) tritt eine inhomogene Reckung ein, bis $d\sigma/d\varepsilon$ wieder ansteigt und Werte erreicht, für die $d\sigma/d\varepsilon = \sigma/(1 + \varepsilon)$ gilt. Das Material ist wieder homogen.

Diesen Prozeß deutet *Vincent* als schrittweise Zerstörung der Nebenvalenzbindungen zwischen den Ketten bzw. der

Kohäsionskräfte zwischen den Kristalliten und ihre neuerliche Einstellung in einem vollkommenen, orientierten Zustand. Diese Deutung gilt auch für die homogene Reckung. Bei dieser ist zwar in keinem Punkt der Kurve die Bedingung $d\sigma/d\varepsilon = \sigma/(l + \varepsilon)$ erfüllt, jedoch sinkt der Wert $d\sigma/d\varepsilon$ vor dem Einsetzen der Spannung σ_{0s} bedeutend ab (für lineares Polyäthylen bei 20°C von $2 \cdot 40^4$ kp/cm² auf $3{,}5 \cdot 10^2$ kp/cm²). Es ist nicht anzunehmen, daß dieser Rückgang des Wertes von $d\sigma/d\varepsilon$ unter den Bedingungen einer homogenen Reckung durch Ansteigen der Temperatur verursacht wird.

Daraus geht hervor, daß der Modul $d\sigma/d\varepsilon$ durch die Größe der Deformation beeinflußt wird und daß der von der adiabatischen Theorie geforderte Temperaturanstieg nicht die Bedingung für das Auftreten des Kaltreckungseffektes darstellt. Auch bei inhomogener Reckung ist die Temperatur des Polymeren nicht ausschlaggebend. Die Einschnürung entstand bei einer Geschwindigkeit der Zugformation bei linearem Polyäthylen von 2,5 cm/24 h, also unter isothermen Bedingungen. *Vincent* berechnet annähernd den Temperaturgradienten der Wärmeausbreitung von der Einschnürung bis zum gereckten Teil des Polymeren und zeigt, daß die Wärmeleitung nicht imstande ist, den ungereckten Teil des Polymeren derart zu erwärmen, daß ein weiteres Fließen und eine Wanderung der Einschnürung möglich wäre, wie dies die adiabatische Theorie behauptet.

Bender und *Williams* [26] untersuchten das Deformationsverhalten des Polyhexamethylenadipamids im nichtlinearen Bereich und im Bereich der Kaltreckung durch Kriechuntersuchungen. Das auf diese Weise erhaltene experimentelle Material verwendeten sie für die Energiebilanz der Kaltreckung. Sie wollten zwei grundlegende Postulate der adiabatischen Theorie beweisen:

a) daß die Bildung der Einschnürung eine Folge der lokalen Erhöhung der Temperatur über eine bestimmte Grenze hinaus ist;
b) daß das Auftreten der Einschnürung (Fließzone) durch die Wärmeleitung in die gereckten Teile des Prüflings ermöglicht wird.

Die Energiebilanz, die bestimmte Vereinfachungen enthält, wird durch die Gleichung (9) ausgedrückt:

$$F(\Delta l_c - \Delta l_e)\, J = C_p \varrho l_0 A_0 \Delta T, \qquad (9)$$

in der F die konstante Kraft in Pond, Δl_c und Δl_e die Gesamt- und die elastische Änderung der Länge des Prüflings, l_0 die Länge des ungereckten Prüflings in cm, $c_p = 0{,}45$ cal · · g⁻¹ · grad⁻¹ die spezifische Wärme des Polyhexamethylenadipamids, $\varrho = 1{,}14$ g · cm⁻³ sein spezifisches Gewicht, A_0 der Querschnitt des ungereckten Prüflings, ΔT in grd die Temperaturzunahme und $J = 2{,}34 \cdot 10^{-5}$ cal · g⁻¹ · cm⁻¹ bedeuten.

Durch die Analyse der Abhängigkeit von ΔT von der Größe der Kraft F gelangten auch diese Autoren zu dem Schluß, daß die Temperaturerhöhung bei der Reckung nicht die von der adiabatischen Theorie verlangten Werte erreicht, so daß der Temperaturanstieg auf T_g bzw. T_m keine notwendige Bedingung für die inhomogene Deformation darstellt.

4.3. *Eine Theorie unter Zugrundelegung der Troutonschen Viskosität*

Die Zugdeformation von gewalzten Prüflingen in Achsenrichtung läßt sich als viskoses Fließen beschreiben, das durch die Zugkraft hervorgerufen wird. Bei konstanter Temperatur ist die *Trouton*sche Viskosität η_T durch die Beziehung definiert:

$$\sigma = \eta_T \frac{\dot{l}}{l}, \qquad (10)$$

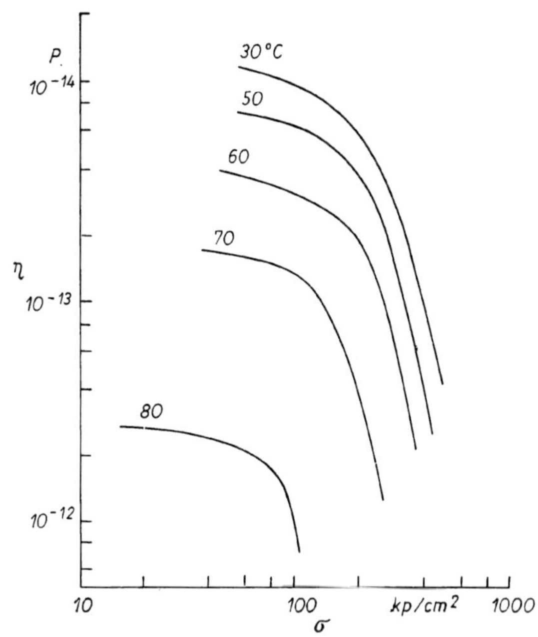

Bild 4. Viskosität η, berechnet aus Kriechversuchen als Funktion der Spannung bei verschiedenen Temperaturen [12]

in der σ die Spannung und l die Länge des Prüflings im gegebenen Moment der Deformation bedeuten. η_T ist von der Temperatur und der Größe der Spannung [27] abhängig (Bild 4).

Die Abhängigkeit von η_T von der Spannung wird annähernd charakterisiert durch den Ausdruck:

$$ln\,\eta_T(\sigma) = ln\,\eta_{T_0} - \frac{b^2\sigma^2}{3!}, \qquad (11)$$

der von *Eyring* abgeleitet wurde [28]. η_{T_0} ist die *Trouton*sche Viskosität für die Spannung 0, b ist eine Konstante; η_{T_0} und b sind abhängig von der Temperatur.

Mit Hilfe der *Trouton*schen Viskosität formulieren *Müller* und *Binder* [29] die Bedingungen für die Kaltreckung. Wenn in dem Polymerprüfling unter dem Einfluß der Inhomogenität eine örtlich begrenzte Spannungserhöhung auftritt und diese Spannung einen starken Rückgang von η_T bewirkt, so wird die Reckung inhomogen. Wenn jedoch zwischen der Zugkraft F und der relativen Deformationsgeschwindigkeit $\dot{a}/l$ die lineare Beziehung (Definition von η_T) besteht:

$$F = A\eta_T \frac{\dot{a}}{l}, \qquad (12)$$

in der F die Zugkraft, A der Querschnitt des Prüflings, $\dot{a}$ die Deformationsgeschwindigkeit, l die Länge des Prüflings im gegebenen Augenblick sind, so handelt es sich um eine homogene Reckung.

Bei der heterogenen Reckung unter adiabatischen Bedingungen wird die Temperatur der Einschnürung (Fließzone) höher und η_T wird weiter erniedrigt. Durch Orientierung steigt η_T an, und es tritt eine Verfestigung ein.

Diese Erklärung ist praktisch mit der von *Vincent* identisch [25], denn sie beschreibt die Kaltreckung durch eine Funktion, die in ihrer Definition die Parameter Geschwindigkeit und Spannung enthält. Diese Parameter und die Temperatur bestimmen den Verlauf der Reckung.

4.4. *Der Kaltreckungseffekt in viskoelastischer Hinsicht*

Die Kaltreckung unter dem Gesichtspunkt der Viskoelastizität diskutiert *Lazurkin* [30]. Er geht von der sehr vereinfachenden Voraussetzung aus, daß das System nur eine Relaxationszeit besitzt, die in der Umgebung von T_g die Umgruppierungsgeschwindigkeit der Makromolekülabschnitte bestimmt.

Diese Relaxationszeit τ ist eine Funktion der Temperatur T:

$$\tau = \tau_0 \exp U/kT, \qquad (13)$$

in der τ_0 und U Konstanten und k die *Boltzmann*-Konstante sind. Die Konstante U ist eigentlich die Aktivierungsenergie der Umgruppierung der Molekülabschnitte (Segmente). *Alexandrov* [31] wies darauf hin, daß sich diese Aktivierungsenergie bei größeren Deformationen der glasigen Polymeren mit der Spannung verringert. Er schlug einen Näherungsausdruck vor:

$$\tau = \tau_0 \exp (U - a\sigma)/kT, \qquad (14)$$

in der a eine Konstante mit der Dimension eines Volumens und σ die Spannung sind.

Bei der Zugdeformation der Polymeren steigt die Spannung zu Beginn steil an und die Deformation ist fast vollkommen elastisch (*Hook*scher Bereich). Von einem gewissen Augenblick an beginnt unter dem Einfluß der steigenden Spannung die Relaxationszeit zu fallen, und das Verhältnis der elastischen zur plastischen Deformation verändert sich zugunsten der plastischen, bis die Geschwindigkeit der plastischen (irreversiblen) Deformation der Gesamt-Deformationsgeschwindigkeit gleich ist. In diesem Augenblick wird die homogene Deformation instabil, und es bildet sich eine Einschnürung; die Spannung wächst weiter und das Polymere orientiert sich. Die Orientierung führt zu einer Verfestigung des Polymeren, die Einschnürung stabilisiert sich und der Querschnitt verringert sich nicht weiter.

Die Geschwindigkeit, mit der die irreversible (plastische) Deformation zunimmt, ist das Ergebnis der miteinander konkurrierenden Vorgänge der Deformation und der Relaxation. Deshalb führt eine Erhöhung der Deformationsgeschwindigkeit zu einer Erhöhung derjenigen Spannung, bei der die Geschwindigkeit der Zunahme der elastischen Deformation der Gesamtdeformationsgeschwindigkeit gleich ist.

Polymere, deren Modul durch Orientierung bedeutend erhöht wird, recken homogen, während Polymere, bei denen die Erhöhung des Moduls durch Orientierung nur gering ist, eine Einschnürung bilden und sich inhomogen recken. Der Einfluß der Orientierung auf den Modul hängt von der Temperatur ab, und es ist daher möglich, dasselbe Polymere sowohl homogen als auch inhomogen zu recken.

Lazurkin verwendet zur Beschreibung des Verhaltens der glasigen Polymeren im Bereich σ_s das *Maxwell*-Modell und leitet eine Gleichung ab, die die Abhängigkeit von σ_s von der Temperatur und der Deformationsgeschwindigkeit v ausdrückt:

$$\sigma_s = U/a - (kT/a) \ln (\sigma_s/E_0 \tau_0 v), \qquad (15)$$

wobei U die Aktivierungsenergie, a die Konstante, T die Temperatur, k die Boltzmann-Konstante, E_0 den Modul und τ_0 eine Konstante bedeuten.

Die Abhängigkeit von σ_s von der Temperatur bei verschiedenen Geschwindigkeiten läßt sich durch die empirische Gleichung:

$$\sigma_s = (A + B \ln v) - (C + D \ln v) T \qquad (16)$$

ausdrücken. Für $T = \text{const}$ vereinfacht sich diese Gleichung zu dem bekannten Ausdruck:

$$\sigma_s = A + B \ln v,$$

worin die Konstanten A und B nicht mit den Konstanten der vorhergehenden Gleichung identisch sind.

Nach *Lazurkin* ist diese für glasig amorphe Polymere ausgearbeitete Theorie auch auf kristalline Polymere anwendbar.

Die *Hookway*sche Theorie der Kaltreckung [3], wonach die Kaltreckung durch Erniedrigung der Tempreatur T_g bei erhöhter Spannung möglich wird, und die Theorie von *Lazurkin* sind im Prinzip identisch. Die Überschreitung der Temperatur T_g bedeutet eine Erhöhung der Beweglichkeit der Segmente. *Lazurkin* und *Hookway* sind der Meinung, daß dieser Effekt durch eine Erhöhung der Spannung erreicht wird.

Die Schlußfolgerungen *Lazurkins* bestätigte *Robertson* [10] durch das Studium der Abhängigkeit der Schubspannung von der Deformationsgeschwindigkeit und der Temperatur. Er bewies dabei, daß sich Polycarbonat auch 150 grd unterhalb der Temperatur des Glasübergangs kalt recken läßt. Diese Tatsache besätigt die *Lazurkin*sche Theorie, daß die Kaltreckung durch eine Erhöhung der Beweglichkeit der Segmente ermöglicht wird, die durch hohe Spannung hervorgerufen wird.

Die Beziehung zwischen σ_s und der Deformationsgeschwindigkeit, die durch die Gleichung (16) nach *Lazurkin* ausgedrückt wurde, haben *Lohr* [11] und *Roetling* [9] bestätigt und etwas verallgemeinert. *Roetling* hat dabei die Viskositätstheorie von *Eyring* [8, 28] benutzt.

Nach den Folgerungen von *Roetling* setzt die *Eyring*sche Theorie eine Erniedrigung der Werte der Viskosität und der Relaxationszeiten als Folge der Erhöhung der Spannung voraus, wie von *Vincent* [25] und *Lazurkin* [5] behauptet wird.

5. *Kaltreckung durch konstante Zugkraft*

Williams und *Bender* [32, 33] untersuchten das nichtlineare Deformationsverhalten von fadenförmigem Polyhexamethylenadipamid, indem sie im Bereich der Kaltreckung Kriechkurven aufnahmen. Sie erhielten für jede Kombination von Temperatur und relativer Feuchte eine Reihe von Kurven (Bild 5), die sich in ihrer Form von normalen Kriechkurven unterschieden. Charakteristisch sind vier Deformationsbereiche:

1. Die unmittelbare Reckung bis 6 bis 10%, die so rasch verläuft, daß man sie nicht genau messen kann;

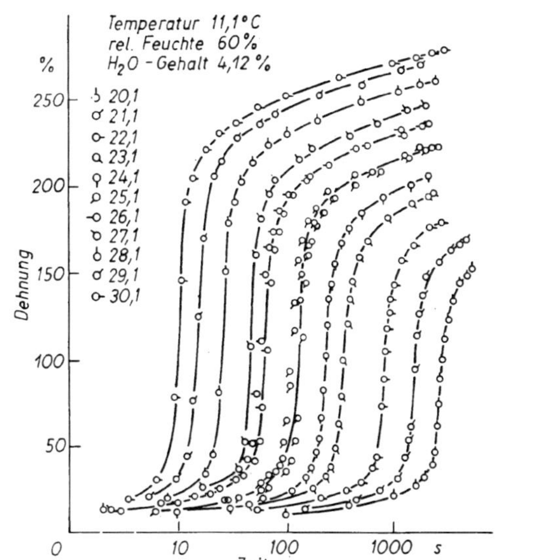

Bild 5. Kriechdeformation von nichtorientiertem Polyhexamethylenadipamid als Funktion der Belastung in Pond bei 11,1 °C und einem Gleichgewichts-H_2O-Gehalt von 4,12% [33]

2. Kriechen vor dem Gleiten (Induktionsperiode). Die Dehnung wächst langsam bis auf etwa 30%.
3. Ausgesprochen rasches Kriechen, das der eigentlichen Reckung entspricht.
4. Kriechen des orientierten Prüflings, das rascher vor sich geht als das im Bereich 2.

Bei kleiner Last und höherer relativer Feuchtigkeit war die Reckung im Bereich 3 homogen. Bei größerer Last und niedriger Feuchtigkeit verlief die Reckung inhomogen und man konnte mehrere Einschnürungen beobachten.

Auf ähnliche Weise untersuchten *Ender* und *Andrews* [34] das Deformationsverhalten von Polystyrol im Bereich der Kaltreckung. Sie fanden, daß das Polymere auf drei Arten auf eine konstante Belastung reagiert (Bild 6): Entweder ist die Reckung inhomogen oder homogen, gegebenenfalls, meist bei der Messung im Bereich der Linearität, läßt sich nur homogenes Kriechen beobachten. Alle Kurven, die die inhomogene Reckung illustrieren, zeigen die charakteristische Besonderheit eines Haltepunktes vor der eigentlichen Reckung, der der Induktionsperiode entspricht und unter 2 aufgeführt ist.

Es gibt einen Minimalwert an Belastung bzw. eine minimale Spannung, unterhalb derer auch nach größenordnungsmäßig 1000 min keine Kaltreckung möglich ist. Dieser Minimalwert ist naturgemäß eine Funktion der Temperatur. Ein Haltepunkt vor der inhomogenen Reckung wurde auch bei Metallen [35] beobachtet. Bei Polystyrol wurde gefunden, daß der Logarithmus der Dauer des Haltepunkts eine lineare Funktion der Spannung ist, und daß sich eine Temperaturerhöhung in einer Parallelverschiebung dieser Geraden in Richtung zu kürzeren Zeiten hin zu erkennen gibt. Diese Erscheinungen, die mit dem Haltepunkt vor der Reckung bei konstanter Last verbunden sind, erklären *Ender* und *Andrews* [34] mit der Entstehung und Verbreiterung von Deformationsstreifen, die bei Versuchen mit Polystyrolprüflingen sichtbar sind [36]. Zunächst tritt eine Diagonalstreifung auf, die zur Richtung der Kraftwirkung eine Neigung von etwa 50° hat. Die Dichte dieser Streifung wächst, und es entsteht gewöhnlich eine Einschnürung. Nun wandert entweder die Einschnürung den Prüfling entlang und das Material reckt inhomogen, oder es entstehen weitere Deformationsstreifen, die ein dichtes Netz bilden, und die Reckung verläuft homogen. Die Deformationsstreifen wurden immer dann beobachtet, wenn die Deformation mit einem Haltepunkt verbunden war. Zur Erzeugung der Deformationsstreifen ist eine gewisse Kraft erforderlich. Wirkt diese Kraft auf den Prüfling ein, so ist eine gewisse Zeit erforderlich, die vermutlich durch die Querschnittsverhältnisse des Prüflings bestimmt wird, um Deformationsstreifen entstehen und sich in eine bestimmte Entfernung ausbreiten zu lassen. Die zeitliche Abhängigkeit dieser Erscheinungen ist vermutlich eine Folge der Viskoelastizität des Materials.

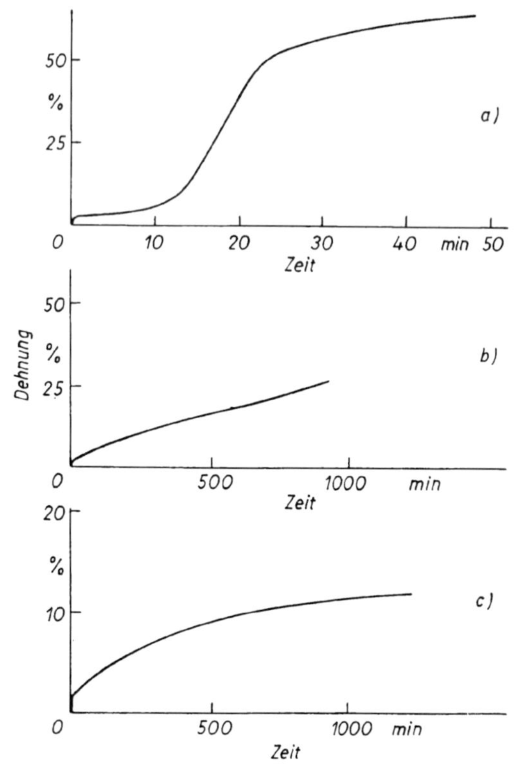

Bild 6. Deformations-Kriechkurven [34]:
(a) nichthomogene Reckung
(b) homogene Reckung
(c) homogenes Kriechen

6. *Superposition Zeit/Spannung/Feuchtigkeit im Bereich der Kaltreckung*

Die aus den Kriechversuchen an Polyhexamethylenadipamid stammenden Kurven (Bild 5) sind einander in ihrer Form ähnlich. *Williams* und *Bender* [33] trugen die aus diesen Kurven für verschiedene Deformationen abgelesene Spannung gegen den Logarithmus der Zeit auf und erhielten eine Kurvenreihe (Bild 7). Diese Kurven superponierten sie nach der Achse $\log t$ in der Weise, daß sie sie um den $\log t\varepsilon$ derart verschoben, daß für die Deformation $\varepsilon = 30\%$ der Wert $\log t\varepsilon = 0$ wurde. Auf diese Weise erhielten sie die Abhängigkeit von $(\log t - \log t\varepsilon)$ von der Spannung σ. Diese Superposition führten sie für verschiedene Temperatur- und Feuchtigkeitskombinationen aus (Bild 8). Die in der Abbildung dargestellten Kurven sind den Kurven der Abhängigkeit von $\log a_t$ von T ähnlich, die zur Superposition Zeit – Temperatur beim Studium des mechanischen Verhaltens amorpher Polymerer angewendet werden. Anstelle von $\log a_T$ steht hier $\log a_\sigma - \log t - \log t\varepsilon$ und anstelle der Temperatur die Spannung σ. Es ist daher möglich, die *Williams/Laundel/Ferry*-Gleichung auf bekannte Art anzuwenden und die Kurven von Bild 8 durch die Gleichung

$$\log a_\sigma = A - \frac{c_1 \cdot \sigma}{c_2 + \sigma} \tag{17}$$

auszudrücken [37].

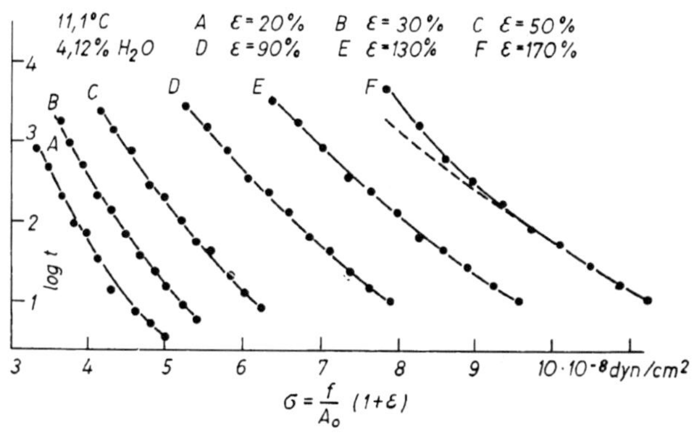

Bild 7. Abhängigkeit von $\log t$ von $\sigma_0(1+\varepsilon)$ von nichtorientiertem Polyhexamethylenadipamid bei verschieden großer Deformation (aufgetragen nach den Angaben von Bild 5 [33])

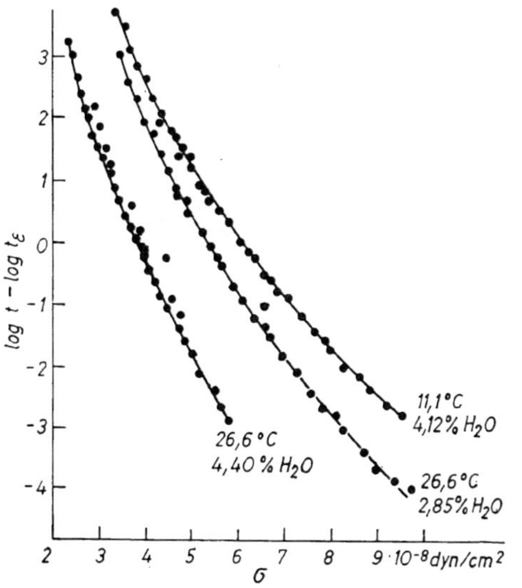

Bild 8. Superpositionsangaben aus Bild 7, erhalten durch Verschieben längs der logarithmischen Zeitachse. (Nach ähnlichem Verfahren sind hier auch die Kurvenpunkte für 26,6 °C, 2,85% H_2O und 26,6 °C, 4,40% H_2O eingezeichnet.) $\log t = 0$ für $\varepsilon = 30\%$ [33]

7. *Erklärung des Kaltreckeffekts anhand kristallographischer Störungen und der Versetzungsbewegung* [33, 38, 39]

Nach *Zaukelius* [40] kann man die mechanischen Eigenschaften von Polyhexamethylenadipamid durch die Versetzungsbewegung in den Kristallen erklären. Diese Vorstellungen gehen davon aus, daß einige Effekte und auch der Kaltreckeffekt sowohl bei Metallen als auch bei Polymeren beobachtet wurden. So ist beispielsweise bekannt, daß die Größe der Schubspannung annähernd die gleiche Größenordnung hat wie bei Metallen [41]. Der Unterschied gegenüber Polymeren liegt in der Größe der zugehörigen Deformation, die bei Metallen größenordnungsmäßig kleiner ist.

Metalle, die bei der Zugdeformation eine ähnliche Form der Deformationskurve ergeben wie Polymere bei nichthomogener Reckung, geben bei konstanter Last ähnliche Kriechkurven, wie sie Bild 5 zeigt; der Unterschied liegt in der Zeitskala, die statt logarithmisch linear ist.

Die Fließgrenze (σ_{0S}) erklärt man sich bei Metallen als die zum Freiwerden der Versetzungsbewegung erforderliche Spannung. Die Spannung σ_{0D}, die niedriger ist als σ_{0S}, ist die zur Aufrechterhaltung ihrer Bewegung notwendige Spannung. Eine Erhöhung der Spannung an einer bestimmten Stelle des Prüflings initiiert die Versetzungsbewegung, die mit einer bestimmten Geschwindigkeit abzulaufen beginnt. Da die Geschwindigkeit der Versetzungsbewegung im Vergleich zu der durch die Spannung verursachten Geschwindigkeit klein ist, beginnt sie sich in der nächsten Umgebung ihrer Entstehung aufzustauen und bildet eine Einschnürung. Die Versetzungsbewegung kann eine weitere Versetzungsquelle initiieren, wodurch eine Verschiebung der Einschnürung möglich wird. Die Einschnürung stellt daher ein stabilisiertes Gleichgewicht zwischen der Aktivierung und der nachfolgenden Bewegung der Versetzung dar. Die sich entlang dem Prüfling bewegende Versetzung erzeugt Reibung, wodurch Wärme freigemacht wird. Die bei der Deformation freiwerdende Wärme ist eine Folge dieses Prozesses, jedoch nicht seine Ursache, wie dies die adiabatische Theorie gezeigt hatte. Deshalb ist eine isotherme Reckung möglich.

8. *Kaltreckung und Orientierung*

Die Kaltreckung ist immer mit morphologischen bzw. strukturellen Veränderungen des Polymeren verbunden. Durch die Reckung kommt es zur Orientierung der Struktureinheiten, zu ihrer Umgruppierung und zur Ausrichtung in der Richtung der wirkenden Kraft. Weil die Orientierung eine Änderung des Polymerzustandes bedeutet, sind die Definition ihres Ausgangs- und Endzustandes und damit der Vorstellungen über die Struktur und Morphologie sehr wichtig.

Kuhn und *Grün* [43] beschrieben die Orientierung als eine Ordnung von optisch anisotropen zylinderförmigen Teilchen in Richtung der wirkenden Kräfte, wobei die optische Anisotropie des Materials wächst. Von dieser Theorie ausgehend, wurden Beziehungen zwischen Orientierungsgrad und Doppelbrechung hergeleitet.

Eine andere Beschreibung des Mechanismus der Orientierung kristalliner Polymerer geht von der Vorstellung kristalliner und amorpher Phasen aus. Die Kristallite sind im nichtorientierten Polymeren mit ihrer Achse nach verschiedenen Richtungen hin statistisch verteilt. Die linearen Molekülketten durchlaufen einige Kristallite und einige amorphe Bereiche. Wenn auf ein Polymeres eine Zugkraft wirkt, so beginnen sich die Kristallite durch Ziehen der die amorphen Bereiche durchlaufenden Ketten in Richtung der wirkenden Kraft zu orientieren [44]. Dabei treten Störungen auf und einige Kristallite werden „zerrissen", wenn auf sie der zu den verschiedenen Kristalliten hin gerichtete Zug der Ketten einwirkt [45]. Sobald die Kristallite in Richtung der wirkenden Kraft orientiert sind, ist für eine weitere Deformation eine wesentlich größere Energie erforderlich (Bild 9).

Durch die Orientierung nähern sich einige zerstörte bzw. zerrissene Kristallite einander in paralleler Richtung und bilden einen neuen Kristallit, so daß die Gesamtänderung der Kristallinität null, positiv oder negativ sein kann.

Durch neue Modelle der übermolekularen Struktur der Polymeren wurden die Vorstellungen über den Kaltreckmechanismus im Hinblick auf morphologische und strukturelle Veränderungen bedeutend kompliziert. Welchen Einfluß die übermolekulare und die molekulare Struktur auf die Reckung haben, ist zunächst nicht eindeutig geklärt. *Keller* [46] nimmt an, daß die Bildung von Einschnürungen lediglich ein makroskopischer Effekt ist, der keineswegs mit dem eigentlichen Strukturmechanismus zusammen-

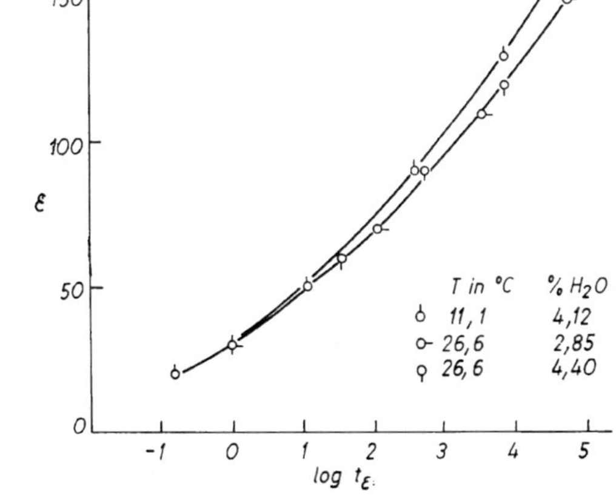

Bild 9. Einwirkung von Zugkräften auf Kristallite in ungerecktem Zustand:
a) parallel zur Zugrichtung
b) quer zur Zugrichtung

hängt. Diese Ansicht kann man bezweifeln. In der Einschnürung verlaufen bedeutende strukturelle Veränderungen. Diese Veränderungen wurden anhand der Lamellenstruktur und der Fransenmizellen von *Kasai* und *Kakudo* [47] beschrieben, die mit Hilfe von Spezialmikrokameras Weit- und Kleinwinkel-Röntgenogramme von den einzelnen Einschnürungsstellen bei der Reckung von Polyäthylen erhielten. Die Änderungen in der Orientierung der Moleküle bzw. die Deformation und die Umgruppierung der verschiedenen übermolekularen Gebilde beeinflussen die Bildung und die weitere Geschichte der Einschnürungen bei der Kaltreckung.

Einige neuere Theorien über die Kaltreckung bzw. die Entstehung und Verbreiterung der Einschnürung gehen von der Vorstellung von Kristallstörungen und Versetzungen aus, so daß die Bedeutung der Struktur für diesen Effekt nicht eindeutig abgelehnt werden kann. Auch der Verfestigungsmechanismus bei der Kaltreckung, der bewirkt, daß die Einschnürung stabil wird und ein Bruch nicht eher eintritt, bevor nicht der gesamte Prüfling orientiert ist, wird durch Strukturveränderungen erklärt. Strukturmodelle, die gewisse die Kaltreckung begleitende experimentelle Fakten nicht besonders gut erklären können, können leicht angegriffen werden. So konnten z. B. ein Lamellen-Modell und ein Modell für gefaltete Makromoleküle die Kaltreckung nicht gut erklären. Die Erklärungen *Peterlins* [48] und *Kobayashis* [49] konnten das natürliche Reckverhältnis nicht erklären. *Hansen* und *Rusnock* [50] bemühten sich anhand des Lamellenmodells der gefalteten Makromoleküle, dieses durch Drehen und Gleiten der Kettenebenen in Richtung der bei der Reckung wirkenden Deformationskräfte zu erklären. Der Prüfling wird auf diese Weise gelängt, und die Achse der Ketten orientiert sich in Richtung der Deformation. Der vorgeschlagene Mechanismus erklärt verhältnismäßig gut die Tatsache, daß die Achsen der Makromoleküle in ungereckten Fibrillen quer zu ihrer Achse, in gereckten Fibrillen dagegen in Richtung ihrer Achse orientiert sind. Dabei wird nicht ausgeschlossen, daß die Fibrillen während der Reckung ebenfalls gleiten, daß sie z. T. zerrissen werden, und daß die Moleküle aus den Lamellen gerissen werden. Diese Theorie ist zunächst nicht eingehend bearbeitet worden.

Das natürliche Reckverhältnis erklären *Allison* u. a. [51] mit einer Deformation der Netzstruktur. Ein Polymeres mit einem niedrigen Kristallinitätsgrad verhält sich in mechanischer Beziehung ähnlich wie ein vernetztes Polymeres, wobei die Kristallite die Funktion von Querbindungen haben [52, 53, 54]. Der Deformationsprozeß, der im Glaszustand verläuft, stellt die Reckung eines vernetzten Systems dar. Das natürliche Reckverhältnis entspricht einer maximalen Dehnung, die ein vernetztes System ohne zu zerreißen ermöglicht. Wenn das Polymere vororientiert ist (z. B. beim Auspressen oder beim Erspinnen), muß diese Orientierung berücksichtigt und das natürliche Reckverhältnis im Hinblick auf die Länge des Polymerprüflings, dessen Orientierung null ist, berechnet werden. *Allison* u. a. [51] haben bewiesen, daß das Verhältnis der Länge eines voll ausgereckten Netzes zur Länge des ungereckten Netzes unbeschadet der Größe der Doppelbrechung des Polymeren vor seiner Reckung konstant ist. Die Ausmaße des makroskopischen Prüflings können als ein direkter Maßstab der mikroskopischen Deformation nur unter der Voraussetzung einer affinen Deformation des Netzes angewendet werden.

Durch Recken und Orientieren verändert sich oft der Kristallinitätsgrad von kristallinen Polymeren, oder es verändert sich die Modifikation. Es ist daher wichtig, den Mechanismus der Orientierung in den kristallinen und amorphen Bereichen des Polymeren zu kennen.

In dieser Übersicht kann kein vollständiger Überblick über alle Theorien und Vorstellungen, die über die Beziehung zwischen der Reckung und der Orientierung bestehen, gegeben werden. Es sei jedoch auf die Arbeiten von *Statton* [55] hingewiesen, der eine kritische Einschätzung der Methoden zur Messung der Orientierung und der Interpretation der Ergebnisse gibt.

9. *Zusammenfassung*

Obwohl der Kaltreckeffekt bei Polymeren bereits seit dem Jahre 1932 (*Carothers* [56]) bekannt ist, wurde bisher dafür noch keine befriedigende phänomenologische Theorie entwickelt. Der makroskopische Charakter dieser Erscheinung und ihre Universalität im Gebiet der linearen Polymeren führten zu Bemühungen, eine Theorie zu schaffen, die allgemeine Gültigkeit besitzt ohne Rücksicht auf die strukturellen Unterschiede der einzelnen Polymeren. Eine solche Theorie sollte die adiabatische Theorie sein. Gerade aber die Vernachlässigung des Zusammenhangs zwischen dem Kaltreckeffekt und den strukturellen Charakteristiken der Polymeren war einer der Gründe, weshalb die adiabatische Theorie abgelehnt wurde. Es ist interessant, daß die Frage nach dem Zusammenhang der Bildung der Einschnürung bei der inhomogenen Deformation mit der Struktur und der Morphologie des Polymeren bisher nicht eindeutig beantwortet werden konnte. Die Ansichten über dieses Problem werden häufig dadurch beeinflußt, daß eine ähnliche Erscheinung auch im mechanischen Verhalten von Metallen zu beobachten ist, die eine wesentlich andere Struktur als lineare Polymere haben.

Die adiabatische Theorie stellte seinerzeit den vollständigsten Komplex an experimentellen Erkenntnissen und Interpretationen dar. Keine andere, aus der Kritik der adiabatischen Theorie hervorgegangene Theorie konnte diese im Hinblick auf Umfang, Systematik und Methodik ersetzen. Die thermodynamische Grundlage der adiabatischen Theorie ist zugleich ihr größter Mangel, denn die Kaltreckung ist im wesentlichen ein nicht im Gleichgewicht stehender und irreversibler Effekt, so daß die Anwendung thermodynamischer Erwägungen und Verfahren problematisch ist. Dies war ein weiterer Grund dafür, daß diese Theorie sich nicht weiterentwickeln konnte und von Theorien bzw. Vorstellungen überholt wurde, die zwar überzeugend waren, aber nicht das Gesamtsystem neuer Erkenntnisse und Anschauungen umfaßten. Die Theorien, die die durch die Erhöhung der Spannung verursachte Deformation mit einer Erniedrigung der Glastemperatur T_g bzw. der Schmelztemperatur der Kristallite T_m gegebenenfalls mit einer Erniedrigung des augenblicklichen Moduls oder der *Trouton*schen Viskosität erklären, kann man als im wesentlichen identisch bezeichnen, denn alle diese im Bereich der Schubspannung liegenden Erscheinungen hängen mit der Erhöhung der Beweglichkeit der Segmente im amorphen Bereich des Polymeren zusammen. Dadurch werden die bei der Reckung erfolgenden Verschiebungen und die Umordnung der Struktureinheiten ermöglicht. In dieser Beziehung ist das Auftreten der Viskoelastizität sehr berechtigt, denn es beweist den Zusammenhang zwischen der Kaltreckung und den Relaxationsvorgängen. Als einen diesbezüglichen Erfolg kann man bezeichnen:

1. die Anwendung eines einfachen *Maxwell*schen Modells zur Beschreibung der Abhängigkeiten zwischen der Temperatur, der Deformationsgeschwindigkeit und der Schubspannung einiger Polymerer,
2. die Gültigkeit der *Eyring*schen Viskositätstheorie und den Hinweis auf die Abhängigkeit des Verhaltens des Polymeren in der Umgebung der Schubspannung von den charakteristischen Arten der Molekularbewegungen, und
3. die Anwendung der Superposition und der WLF-Gleichung im Bereich relativ großer Deformationen auch für kristalline Polymere.

Leider wurden auch in dieser Richtung bisher nur relativ wenige Arbeiten durchgeführt.

Die Frage, ob der Kaltreckeffekt eine Folge der molekularen oder der übermolekularen Struktur ist, ist ebenfalls noch ungeklärt. Ältere Vorstellungen von dem Umschmelzen der Kristallite sowie neuere Ansichten, die von der Theorie der Kristalldefekte und der Versetzungen ausgehen, konnten bisher mangels genügender experimenteller Erkenntnisse nicht als allgemeingültig anerkannt werden; sie sind aber im Hinblick auf neueste Erkenntnisse auf dem Gebiet der Struktur und der Morphologie der Polymeren nicht abzulehnen.

Die hier angeführten Theorien und Vorstellungen über die Kaltreckung waren zum größten Teil auf die Erklärung der Entstehung und Verbreitung der inhomogenen Deformation, der Einschnürung, gerichtet. Weniger Aufmerksamkeit wurde der homogenen Deformation gewidmet. Zunächst gibt es keine allgemeine Methode, die es gestattet zu bestimmen, ob ein Polymeres unter gegebenen Bedingungen homogen oder inhomogen deformiert werden wird.

Auch die Erscheinung des natürlichen Reckverhältnisses wurde nicht aufgeklärt. Aus der Gesamtzahl der die Kaltreckung charakterisierenden verschiedenen Effekte ist dieser Effekt besonders für eine Interpretation anhand der Struktur geeignet. In letzter Zeit haben sich z. B. damit *Allison* u. a. [51] sowie *Hansen* und *Rusnock* [50] beschäftigt, doch handelt es sich hier leider um Ansichten und Vorstellungen, denen eine eingehende Gegenüberstellung mit experimentellen Tatsachen mangelt.

Die bisherige Entwicklung und der gegenwärtige Stand der Theorien und Ansichten über den Kaltreckeffekt hängen bis zu einem gewissen Grad mit dem gegenwärtigen Stand der Theorien über das mechanische Verhalten der festen Phase der Polymeren in bezug auf ihre molekularen und strukturellen Parameter zusammen.

Der Kaltreckeffekt ist ein extremer Fall des mechanischen Verhaltens. Weil es sich dabei um einen nichtlinearen Bereich der Deformation handelt, wird die Anwendung viskoelastischer Methoden erschwert, und weil es sich um eine irreversible Erscheinung im Nichtgleichgewicht handelt, ist die Anwendung der Thermodynamik nur beschränkt möglich.

Schwierig ist auch die Situation, was die Anwendung von Erkenntnissen der Strukturforschung anbelangt. Viele der neuen Theorien und Strukturmodelle der Polymeren sind derart kompliziert und spezifisch, daß in naher Zukunft kaum eine allgemeingültige Beschreibung und Erklärung des Kaltreckeffektes im Hinblick auf die Struktur zu erwarten ist.

Literatur

[1] *Marshall, I.*, und *Thompson, A. B.:* The cold drawing of high polymers. Proc. Royal Soc. London A **221** (1954) S. 541–557.
[2] *Marshall, I.*, und *Thompson, A. B.:* The drawing of terylene. J. appl. Chem. **4** (1954) S. 145–153.
[3] *Hookway, D. C.:* The cold drawing of nylon 6.6. J. Textile Inst. **49** (1958) S. P292–P315.
[4] *Jäckel, K.:* Ein Beitrag zur Kaltverstreckung der Hochpolymeren. Kolloid-Z. **137** (1954) S. 130–162.
[5] *Lazurkin, J. S.:* Cold-drawing of glass-like and crystalline polymers. J. Polymer Sci. **30** (1958) S. 595–604.
[6] *Yumoto, H.:* Untersuchungen über das Kaltziehen von Hochpolymeren. Das quasistatische Verstrecken von Polycaproamid. 1. Mitt.: Die Temperaturabhängigkeit, die Erweichungstemperatur und der Umwandlungspunkt zweiter Ordnung. 2. Mitt.: Die Einflüsse der Feuchtigkeit und der Heterogenität der Feuchtigkeitsabsorption und des Deformationsverhaltens und Erniedrigung der Umwandlungstemperatur zweiter Ordnung durch absorbiertes Wasser. 3. Mitt.: Die Effekte der Wärmebehandlung und die Temperaturabhängigkeit der heterogenen Struktur der Polymeren. Bull. chem. Soc., Japan **29** (1956) S. 45–51; S. 141–147; S. 353–360.
[7] *Fajnberg, E. Z.*, und *Michajlov, N. V.:* Über das thermochemische Kriterium der Plastifikationsverstrekkung. Vysokomol. Soed. (Hochmol. Verbind.) **3** (1961) 8, S. 1234–1237.
[8] *Glasstone, S.*, *Laidler, K. J.*, und *Eyring, H.:* The theory of rate processes. New York und London 1941.
[9] *Roetling, J. A.:* Yield stress behaviour of polymethylmethacrylate. Polymer, London **6** (1965) S. 311–317.
—: Yield stress behaviour of poly(ethyl methacrylate) in the glass transition region. Polymer, London **6** (1965) S. 615–619.
—: Yield stress behaviour of isotactic polypropylene. Polymer, London **7** (1966) S. 303–306.
[10] *Robertson, R. E.:* On the cold drawing of plastics. J. appl. Polymer Sci. **7** (1963) S. 443–450.
[11] *Lohr, J. J.:* Trans. Soc. Rheol. **9** (1965) S. 65–81.
[12] *Müller, F. H.:* Kaltverstreckung von Kunststoffen. Materialprüfung **5** (1963) S. 336–344.
[13] *Dogliotti, E. C.*, und *Yelland, W. E. C.:* Effect of strain rate on the viscoelastic properties of high polymeric fibrous materials. J. appl. Polymer Sci. **8** (1964) S. 211 bis 235.
[14] *Mitsuishi, Y.*, und *Domae, H.:* Verstreckung von heißkristallisiertem Polyäthylenterephthalat. Sen-i Gakkaishi (J. Soc. Fiber Sci. Technol. Japan) **21** (1965) S. 528–535.
[15] *Allison, S. W.*, und *Ward, I. M.:* Brit. J. appl. Physics **18** (1967) S. 1151–1164.
[16] *Kargin, V. A.*, und *Sogolova, T. I.:* Einfluß des Molekulargewichts auf die mechanischen Eigenschaften kristalliner Polymerer. Ž. fisič. Chimii (Z. physik. Chemie) **29** (1955) S. 469–475.
[17] *Wilkins, M. H. F.*, *Gosling, R. G.*, und *Seeds, W. E.:* Nature, London **167** (1951) S. 759–760.
[18] *Müller, F. H.:* Coll. czechoslov. chem. Commun. **22** (1957) Spec. Issue, S. 66–83.
[19] *Marshall, I.*, und *Thompson, A. B.:* Drawing synthetic fibres. Nature, London **171** (1953) S. 38–39.
[20] *Müller, F. H.*, und *Engelter, A.:* Transformationsintervall und Zug-Dehnungsverhalten. Kolloid-Z. **151** (1957) S. 157–158.
[21] *Müller, F. H.*, und *Jäckel, K.:* Energie-Bilanz bei Kaltverstreckung (Kaltverstreckung, ein sukzessiver Erweichungsprozeß). Kolloid-Z. **129** (1952) S. 145–146.
[22] *Engelter, A. D.*, und *Müller, F. H.:* Thermische Effekte bei mechanischer Deformation, insbesondere von Hochpolymeren. Kolloid-Z. **157** (1958) S. 89–111.
[23] *Müller, F. H.*, und *Engelter, A. D.:* Meßmethode für Wärmeeffekte bei Deformationsvorgängen. Rheologica Acta, Darmstadt **1** (1958) S. 39–52.
[24] *Badami, D. V.*, *Chappel, F. P.*, *Culpin, M. F.*, *Jones, M. D.*, und *Tranter, T. C.:* The effect of extension of the structure of filaments of 6.6 nylon. Rheologica Acta, Darmstadt **1** (1961) S. 639–647.
[25] *Vincent, P. I.:* The necking and cold-drawing of rigid plastics. Polymer, London **1** (1960) S. 7–19.
[26] *Bender, M. F.*, und *Williams, M. L.:* Extension of unoriented nylon 66 filaments. J. appl. Physics **34** (1963) S. 3329–3335.
[27] *Müller, F. H.*, und *Engelter, C.:* Zur Spannungsabhängigkeit des Fließens Polymerer. Kolloid-Z. **186** (1962) S. 36–41.
[28] *Eyring, H.:* J. Chimie Physique 4 (1936) S. 283–291.
[29] *Müller, F. H.*, und *Binder, G.:* Nichtlineare Deformation. II. Verstreckung mit Fließzone (Kaltverstrekkung). Kolloid-Z. **183** (1962) S. 120–134.
[30] *Lazurkin, J. S.*, und *Fogelson, R. L.:* Ž. techn. Fiziki (Z. techn. Physik) **21** (1951) S. 267–286.
[31] *Alexandrov, A. P.:* Vortrag auf der II. Konferenz über hochmolekulare Verbindungen. Sammelband über die I. und II. Konferenz. Moskau: Verlag der Akademie der Wissenschaften 1945.
[32] *Williams, M. L.*, und *Bender, M. F.:* The extension of unoriented nylon 66 filaments. Part II. Phenomenological relationships. Textile Res. J. **33** (1963) S. 1023 bis 1026.
[33] *Williams, M. L.*, und *Bender, M. F.:* Extension of unoriented nylon filaments. III. Superposition of data. J. appl. Physics **36** (1965) S. 3044–3049.
[34] *Ender, D. H.*, und *Andrews, R. D.:* Cold drawing of glassy polystyrene under dead load. J. appl. Physics **36** (1965) S. 3057–3062.

[35] *Wood, D. S.*, und *Clark, D. S.*: Trans. amer. Soc. Metals **43** (1951) S. 571.

[36] *Whitney, W.*: Observations of deformation bands in amorphous polymers. J. appl. Physics **34** (1963) S. 3633 bis 3634.

[37] *Ferry, J. D.*: Viscoelastic properties of polymers. New York/London 1961, S. 212.

[38] *Predecki, P.*, und *Statton, W. O.*: Dislocations caused by chain ends in crystalline polymers. J. appl. Physics **37** (1966) S. 4053–4059.

[39] *Dey, B. N.*: Plastic-flow rates in nylon interpreted in terms of dislocation motion. J. appl. Physics **38** (1967) S. 4144–4148.

[40] *Zaukelius, D. A.*: Observation of slip in nylon 66 and 610 and its interpretation in terms of a new model. J. appl. Physics **33** (1962) S. 2797–2803.

[41] *Brenner, S. S.*: Plastic deformation of copper and silver whiskers. J. appl. Physics **28** (1957) S. 1023–1026.

[42] *Hahn, G. T.*: Acta metallurgica **10** (1962) S. 727.

[43] *Kuhn, W*,. und *Grün, F.*: Beziehungen zwischen elastischen Konstanten und Dehnungsdoppelbrechung hochelastischer Stoffe. Kolloid-Z. **101** (1942) S. 248–271.

[44] *Horsley, R. A.*, und *Nankarrow, H. A.*: Brit. J. appl. Physics **2** (1951) S. 345–351.

[45] *Bunn, C. W.*, und *Alcock, T. C.*: Trans. Faraday Soc. **41** (1945) S. 323.

[46] *Keller, A.*: Studies of orientation phenomena in crystallizing polymers. J. Polymer Sci. **21** (1956) S. 363 bis 379.

[47] *Kasai, N.*, und *Kakudo, M.*: Fine texture in necking portions of cold drawn polyethylene. J. Polymer Sci. A **2** (1964) S. 1955–1976.

[48] *Peterlin, A.*: Crystalline character in polymers. J. Polymer Sci., C: Polymer Symposia (1965) 9, S. 61–89.

[49] *Geil, P. H.*: Polymer single crystals. New York: Interscience Publ. 1963.

[50] *Hansen, D.*, und *Rusnock, J. A.*: Mechanism of cold drawing in crystalline high polymers. J. appl. Physics **36** (1965) S. 332–334.

[51] *Allison, S. W.*, *Pinnock, P. R.*, und *Ward, I. M.*: The cold drawing of polyethylene terephthalate. Polymer, London **7** (1966) S. 66–69.

[52] *Williams, M. L.*: Trans. Soc. Rheol. **4** (1960) S. 297 bis 313.

[53] *Stein, R. S.*: The orientation of polyethylene. J. Polymer Sci. **34** (1959) S. 709–720.

[54] *Starkweather, H. W.*, *Moore, G. E.*, *Hansen, J. E.*, *Roder, T. M.*, und *Brooks, R. E.*: Effect of crystallinity on the properties of nylon. J. Polymer Sci. **21** (1956) S. 189–204.

[55] *Statton, W. O.*: The orientation of molecules in fibers. J. Polymer Sci., C: Polymer Symposia (1967) 20, S. 117–144.

[56] *Carothers, W. H.*, und *Hill, J. W.*: Synthetic polymeride artifical fibers. J. amer. chem. Soc. **54** (1932) S. 1579 bis 1587.

Eingegangen am. 25. April 1969

Jahreskolloquien des Institutes für Textiltechnologie der Chemiefasern Rudolstadt 1969

DK 061.3.055.1„1969":677.4:001.891(430.2)

Im Oktober 1969 veranstaltete das Institut für Textiltechnologie der Chemiefasern Rudolstadt die Jahreskolloquien für das laufende Jahr. Referiert wurde dabei u. a. über die nachfolgend aufgeführten Themen:

Kolloquium „Polyamidfaserstoffe" am 14. 10. 1969

Zu „Stand und Entwicklungstendenzen der Polyamidfaserstoff-Forschung und -Produktion" sprach *H. Mertel*, ITC Rudolstadt. Nach einem Überblick über die Kapazitätsentwicklung bei Synthesefaserstoffen unter besonderer Herausstellung der Polyamidfaserstoffe beschäftigte sich der Referent ausführlich mit der Texturierung von Polyamidfaserstoffen. Die Weltproduktion an Texturseiden betrug 1968 rund 400000 t und wird rasch weiter ansteigen. Die Besonderheiten der Texturiertechnologie stellen an die Ausgangsseiden Anforderungen, die vor wenigen Jahren noch völlig überflüssig erschienen, wie Verbesserung der Laufeigenschaften durch Einsatz geeigneter Präparationen, Einsatz fadenbruchloser Kopse mit mehr als 1,5 kg Spulenmasse.

Einen breiten Raum nahmen die Entwicklungstendenzen für Polyamidfaserstoffe ein. International sind zwei Richtungen zu erkennen:

1. Modifizierung bekannter Polyamidfaserstoffe, Modifizierung der Verarbeitungstechnologien, Einsatz neuartiger Mischungen.
2. Herstellung von Polyamidfaserstoffen aus neuen Polymersubstanzen.
   Zu der zweiten Entwicklungsrichtung gehören die Versuche zur Herstellung von Fäden aus Polyamid 3, Polyamid 4 und die Entwicklung von Einsatzgebieten unter besonderer Berücksichtigung der spezifischen Eigenschaften, wie größere Feuchteaufnahme, Anfärbbarkeit und hohe Oxydationsbeständigkeit.

O. Lochmüller, ITC Rudolstadt, sprach zu dem Thema „Sorptions- und Struktureigenschaften von Polyamidfaserstoffen".

Eines der Grundprobleme bei dem Erspinnen, Recken und bei der Nachbehandlung von Polyamidfäden ist die Strukturbildung und Änderung der Struktur in ihrer Wechselwirkung mit der Wassersorption.

Von Polyamidseiden mit verschiedener Feinheit und mit verschiedenen Elementarfadenzahlen wurden die strukturellen Besonderheiten und ihre mechanischen und Sorptionseigenschaften analysiert.

Es zeigte sich, daß die Vororientierung der Spinnseiden eine wesentliche Kenngröße darstellt, die sich auf die Längenänderung der Spinnseide, die Gleichgewichtsfeuchte und das Reckverhalten maßgeblich auswirkt. Daneben beeinflußt der H_2O-Extrakt die Gleichgewichtsfeuchte und die Beweglichkeit der Kettenmolekülsegmente in den ungeordneten Bereichen. Die Korrelationen zwischen den Meßgrößen der gereckten Seiden sind weniger ausgeprägt als die zwischen Spinnseiden.

Über eine „Manometrische Wasserbestimmung an Polyamid und Polyäthylenterephthalat" sprach *E. O. Schmalz*, VEB Chemiefaserkombinat Wilhelm-Pieck-Stadt Guben.

Einleitend wurde das Verfahren der manometrischen Wasserbestimmung in Hochpolymeren erläutert. Bei der Überprüfung der in der Literatur angegebenen Berechnung wurde nachgewiesen, daß es sich hierbei um einen Grenzfall handelt, der nur bei hohen Feuchtewerten exakt gilt. Proben unterschiedlicher Feuchte lassen sich dagegen mit einer erweiterten Beziehung quantitativ erfassen. Wie weiterhin nachgewiesen werden konnte, sind die in der Literatur angegebenen Arbeitstemperaturen wegen auftretender Störreaktionen in der Regel zu hoch. Die maximal zulässige Arbeitstemperatur kann mittels kinetischer Untersuchungen experimentell bestimmt werden. Durch Vergleich der experimentellen Werte mit dem theoretischen Diffusionsverlauf kann das Verfahren zeitlich erheblich abgekürzt werden. Die getroffenen Aussagen wurden durch experimentelle Resultate bestätigt.

K. Dietrich, Institut für Fasserstoff-Forschung der DAW in Teltow-Seehof, referierte über „Fäden aus Schmelzdispersionen von Polyäthylenterephthalat in Polycaprolactam".

Die Modifizierung von Faserstoffen durch Spinnen von Polymerdispersionen organischer Hochpolymerer läßt sich auf zwei Ansatzpunkte zurückführen:

1. „Verschneiden" teurer polymerer Rohstoffe mit billigeren Produkten.
2. Vereinigen eines Teiles der Eigenschaften beider Ausgangsprodukte zur Erzeugung von Spezialfaserstoffen.

Die verschiedenen Verfahren zur Herstellung von Verbundwerkstoff-Fäden aus Schmelzedispersionen von Polyamid und Polyester wurden gegenübergestellt und dabei besonders die Einflüsse von Schmelzeverweilzeit, Endgruppen, Spinntemperatur und Molmasse der Ausgangspolymeren behandelt. Bei Versuchen zur Nachstabilisierung von Polyamiden unter den Bedingungen des Extruderspinnens wurde gefunden, daß organische Carbonsäuren und Carbonsäureanhydride hauptsächlich acidolytisch wirken.

Der letzte Vortrag beschäftigte sich mit der „Herstellung von Polyamidgranulat extrem hoher Viskositäten". Im ersten Teil berichtete *G. Heilmann*, ITC Rudolstadt, über Untersuchungen zum Einfluß der Herstellungsbedingungen, wie Temperatur, Wassergehalt und Stabilisatormenge auf die Verteilung der rel. Molekülmasse und kam zu dem Ergebnis, daß außer der Temperatur alle anderen untersuchten Parameter keinen nachweisbaren Einfluß auf die Verteilung der rel. Molekülmasse ausüben.

Im zweiten Vortragsteil referierte *L. Turtenwald*, VEB Chemiefaserwerk Schwarza „Wilhelm Pieck" Rudolstadt, über „Verfahren und Vorrichtungen zur Herstellung von Polyamid mit hoher Lösungsviskosität". Nach einem kurzen Überblick über die Arbeitsweise der bisher bekannten Verfahren, deren großtechnischer Einsatz wegen der thermischen und thermo-oxydativen Anfälligkeit des Polyamids problematisch ist, wurde eine neuerarbeitete Standardtechnologie diskutiert.

Kolloquium „Polyacrylnitrilfaserstoffe" am 16. 10. 1969

H. Dawczynski, ITC Rudolstadt, berichtete über „Entwicklungstendenzen bei Acryl- und Modacrylfasern in Forschung und Entwicklung".

Nach einer Charakterisierung des Weltfaserstoffverbrauches wurde ein Überblick zum Stand und zur perspektivischen Kapazitätsentwicklung bei Polyacrylnitrilfaserstoffen gegeben. 1970 bis 1972 wird nach Realisierung der derzeitigen Erweiterungs- und Neuvorhaben eine Acrylnitril-Weltkapazität von 2,1 Mill. t/a vorhanden sein.

Bei Polyacrylnitrilfasern geht der Entwicklungstrend auf Grund der höheren Produktivität in Richtung Naßspinnverfahren. Ausführlich wurden Neuentwicklungen behandelt. So hat die Löbering KG., München, ein neues Verfahren zur Polymerisation von Acrylnitril entwickelt, bei dem die Spinnlösung direkt aus dem Monomeren und dem Lösungsmittel durch Bestrahlung mit UV-Licht gewonnen wird. Einige Anlagen arbeiten bereits nach diesem Verfahren. Japanische Firmen haben ein neues Acryl-Filamentgarn mit seidenähnlichen Eigenschaften auf den Markt gebracht. Für den Einsatz im Obertrikotagensektor ist eine nach dem Falschdraht-Texturierverfahren texturierte Polyacrylnitrilseide bestimmt. Große Bedeutung für alle Arten von Schutzbekleidung werden Corespungarne aus Glas- und Acrylfasern erlangen. Bei den Forschungsarbeiten stehen die Verbesserung der Hydrophilie, die Herabsetzung der elektrostatischen Aufladung und die Verbesserung der mechanischen Eigenschaften im Vordergrund.

Über die „Quantitative IR-Bestimmung der Komponenten im ternären PVY-F-Polymerisat-Gemisch" referierte *H. Nestler*, VEB Chemiefaserwerk „Friedrich Engels" Premnitz.

Zur Bestimmung des Ester- und Sulfonatgehaltes in binären und ternären Copolymeren wurde eine IR-spektroskopische Methode ausgearbeitet, deren Vorteile gegenüber der Elementaranalyse im geringeren Zeitaufwand liegen. Die Leistungsfähigkeit der Methode wurde an verschiedenen Copolymeren getestet, wobei ternäre Copolymere die Anwendung eines Differenzverfahrens notwendig machten.

„Die Gelchromatographie und ihre Anwendung, insbesondere bei AN-Polymeren" war Gegenstand der Ausführungen von *P. Fritzsche*, Institut für Faserstoff-Forschung der DAW in Teltow-Seehof. Nach einer Erläuterung des Prinzips und der Arbeitstechniken der Gelchromatographie wurde deren Anwendung auf synthetische Polymere in nichtwäßrigen Lösungsmitteln behandelt. Für gelchromatographische Arbeiten an AN-Polymeren wurden vernetzte AN-Gele entwickelt und getestet. Die Ergebnisse wurden unter Berücksichtigung der Hohlraumstruktur und Hohlraumgrößenverteilung in den Gelen diskutiert. Die Möglichkeit einer automatisierten Eluatanalyse läßt den Einsatz von EDV-Anlagen zur Berechnung der Verteilung der rel. Molekülmasse zu.

An zahlreichen elektronenmikroskopischen Aufnahmen von Polyacrylnitrilfasern erläuterte *U. Müller*, Technische Universität Dresden, den „Einfluß der PVY-F-Fibrillenstruktur auf einige textilphysikalische Eigenschaften".

Nach der Darstellung der Oberflächenstruktur erfolgte die Diskussion der Netzwerkstruktur von im Gelzustand präparierten Fasern. In Abhängigkeit von verschiedenen technologischen Parametern besitzen die Fasern unterschiedliche fibrilläre Struktur. Der zweite Teil des Vortrages beschäftigte sich mit Korrelationen zwischen der Fibrillenstruktur und verschiedenen textilphysikalischen Kenndaten. Als wichtigste Aussagen sind zu nennen: Bei lockerer Fibrillenstruktur resultiert eine höhere Reißfestigkeit und eine niedrige Sprödigkeit, ausgedrückt als Schlingenfestigkeit, während eine dichtere Fibrillenstruktur zu einer höheren Kräuselungsbeständigkeit führt.

Abschließend berichtete *G. Hirsch*, Institut für Faserstoff-Forschung der DAW in Teltow-Seehof, über den „Einfluß verschiedener Faktoren auf die Lichtechtheiten basischer Polyacrylnitril-Farbstoffe". Die Testungen wurden an Farbstoffen mit Lichtechtheitsnoten 4 bis 5 im Xenotest-Gerät mit Wendelauf durchgeführt und führten zu Ergebnissen über den Einfluß der Färbetemperatur, der Polymerkonzentration, der rel. Molekülmasse und der Richttyptiefe auf die Lichtechtheiten der angewandten Farbstoffe.

Kolloquium „Viskosefaserstoffe" am 22. 10. 1969

Ch. Michels, ITC Rudolstadt, sprach über „Internationale Entwicklungstendenzen für Viskosefaserstoffe unter besonderer Berücksichtigung der Marktsituation auf dem Modalfasergebiet".

Der erste Teil des Vortrages behandelte Fragen des Viskosecords mit der Einschätzung, daß der Viskosecord besonders im europäischen Raum auch in den kommenden Jahren eine bedeutende Rolle spielen wird. Nach der Behandlung der Viskoseseiden und Viskosefasern, wobei bei letzteren besonders die intensiven Arbeiten zur Herstellung schwer- bzw. nichtentflammbarer Typen erwähnt wurden, erfolgte eine eingehende Untersuchung der Situation auf dem Modalfasergebiet unter Herausarbeitung folgender Tendenzen:

1. Eine einseitige Entwicklung — Polynosic- oder HWM-Faser — wird es nicht geben. Unwahrscheinlich erscheint auch die Entwicklung einer Mischtype, da eine Mischtype nicht nur die guten Eigenschaften beider Typen in sich vereinigen würde.
2. Es zeichnet sich vielmehr ab, daß zur maximalen Marktbefriedigung Polynosic- und HWM-Fasern nebeneinander erzeugt werden, damit die Baumwoll- und Synthesefaserverarbeiter mit den optimalen Mischungspartnern beliefert werden können.

Der Vortrag von *A. Gröbe* und *D. Bartsch* (Vortragender: *D. Bartsch*), Institut für Faserstoff-Forschung in Teltow-Seehof, „Über einige Ergebnisse zum Modalfaserprogramm der DDR" beschäftigte sich mit dem Einfluß verschiedener Technologieparameter, wie Zellstoffart, Viskosenachreife, Spinnbadzusammensetzung, Modifikatorzusammensetzung und -gehalt auf die für Modalfasern wesentlichen textilphysikalischen Werte, wie Reißfestigkeit, Naßdehnung und Naßmodul.

Anschließend berichteten *B. Philipp* und *H. Dautzenberg* (Vortragender: *H. Dautzenberg*), Institut für Faserstoff-Forschung der DAW in Teltow-Seehof, über „Reaktionskinetische Untersuchungen zur Bildung und Zersetzung von Xanthogenaten, Thiocarbaminaten und Thiocarbonaten". Nach eingehender Behandlung der polarographischen und spektrophotometrischen Bestimmungsmethoden für die einzelnen Ionen erfolgte eine Diskussion der Reaktionsgeschwindigkeitskonstanten im pH-Bereich 8 bis 14 für die verschiedenen Reaktionen.

In seinem Vortrag „Neue Erkenntnisse über Eigenschaften und Verarbeitung von Modalfasern" ging *H. Stöver*, ITC Rudolstadt, besonders auf die Erschließung neuer Einsatzgebiete für HWM-Fasern ein, die bisher überwiegend der

Baumwolle in Rein- und Mischverarbeitung mit Polynosicfasern vorbehalten waren. Es konnte nachgewiesen werden, daß eine qualitativ hochwertige HWM-Faser sich nicht nur für eine Reinverarbeitung und Mischverarbeitung mit Polyesterfasern eignet, sondern daß sie ebenfalls einen vollwertigen Mischungspartner für Baumwolle darstellt.

Mit Fragen der Abwasserreinigung beschäftigte sich *W. Otto*, VEB Filmfabrik Wolfen, in dem Vortrag „Die Abwasserreinigung im Viskose-Zellstoffbetrieb". Er wies nach, daß in einem Zellstoffbetrieb bei einer Produktion von 140 t das Abfallproblem vergleichbar ist mit dem Abfall einer Großstadt. Die gegenwärtigen gesetzlichen Regelungen zur Abwasserbehandlung erfordern eine intensive Beschäftigung mit diesem auch für Viskosefaser- und Viskosecordhersteller aktuellen Problem. Anhand ausführlicher Betrachtungen wurde nachgewiesen, daß von den in Frage kommenden Verfahren nur die biologische Abwasserreinigung möglich ist.

Berichtigung

In der Arbeit

V. Jančařík und *L. Kuniak*

Untersuchung der chemischen Accessibilität und Eigenschaften der Viskosefaserstoffe

Faserforsch. u. Textiltechnik **20** (1969) 10, S. 491–495, sind die Bilder 1 und 2 versehentlich vertauscht worden.

Neue Bücher

The Chemistry of Lignin. Von *Irwin A. Pearl.* New York: Marcel Dekker 1967. XIII, 339 S. Geb. $ 16,75.

Vorliegende Monographie gibt eine moderne Darstellung aller Aspekte der Ligninchemie im umfassenden Sinne, einschließlich der Biochemie, Biophysik und einiger Bemerkungen zur Technologie des Lignins. Daß dies im Rahmen von nur 339 Seiten möglich ist, geht insbesondere auf das Verdienst des Verfassers zurück, der sich einer klaren, knappen Sprache befleißigt und sich fernerhin in ausgedehntem Maße auf die älteren Standardwerke der Ligninchemie bezieht, um Wiederholungen spezieller Punkte zu vermeiden. So werden beispielsweise der qualitativen Analyse und den unzähligen Farbreaktionen des Lignins nur knappe acht Zeilen gewidmet.

Nach Vorwort und Einleitung geht Verfasser auf Definition und Verteilung des Lignins ein und berührt damit sofort einen der vielen wunden Punkte der Ligninchemie, da Vertreter der verschiedenen naturwissenschaftlichen oder technischen Disziplinen unter dem Terminus „Lignin" mitunter recht verschiedene Dinge verstehen. Wie im zweiten Kapitel ausgeführt wird, beruhen diese unterschiedlichen Interpretationen auf der Tatsache, daß es unmöglich ist, Lignin in einem wirklich unveränderten Zustand aus dem verholzten Material zu isolieren, sei es nun mittels der Methoden des Löslichmachens der Nichtligninanteile (Ligninrückstand) oder des Herauslösens des Lignins (Nichtligninrückstand). Unter letzteren spielen die sog. „unveränderten" Lignine eine besondere Rolle: *Brauns*-Lignin, *Nord*-Lignin und *Björkman*-Lignin. Aber auch diese drei Präparationen dürfen nicht als repräsentativ für das native Lignin angesehen werden. Das erste dürfte nur aus leichtlöslichen, niedermolekularen Ligninanteilen bestehen, das zweite hat durch die enzymatische Einwirkung sicherlich Veränderungen erfahren, und das dritte enthält zwar unverändertes Lignin, jedoch mit einem erheblichen Kohlenhydratanteil vergesellschaftet, der fest mit dem Lignin verbunden ist. Mit diesen Unzulänglichkeiten der Ligninisolierung hängen naturgemäß die Schwierigkeiten bei der quantitativen Bestimmung des Lignins zusammen. Auf mehr als 60 Seiten werden dann die verschiedenen Ansichten über die chemische Struktur des Lignins diskutiert, wobei der Name *Freudenberg* eine dominierende Rolle spielt. Es wird aber auch auf die unterschiedliche Auffassung von *Forss* und *Fremer* eingegangen, die im Gegensatz zu allen anderen Autoren ihrer Meinung nach eine periodisch wiederkehrende Struktureinheit im Ligningerüst gefunden haben. Fragen der Biosynthese werden relativ kurz abgehandelt, was dem Referenten sehr vernünftig erscheint im Hinblick auf die in den letzten Jahren an vielen Stellen erfolgten Darstellungen des Gegenstands und insbesondere auch das im folgenden Referat besprochene Buch von *Freudenberg/Neish.* Auf die ebenfalls verhältnismäßig kurz gehaltene Darstellung der Sulfit-, Sulfat- und Bleichverfahren folgt das Kapitel über die chemischen Reaktionen des Lignins: Sulfonierung, Hydrolyse, Alkoholyse (hier die wichtigen Untersuchungen von *Hibbert* und Mitarbeitern: *Hibbert*-Ketone, *Hibbert*-Ketole), Oxydation (analytisch bedeutungsvoll in Form der alkalischen Nitrobenzoloxydation für die Bewertung des Lignins in verholzten Materialien), Hydrierung und Hydrogenolyse sowie Nitrierung. Das Kapitel über die physikalischen Eigenschaften des Lignins enthält neben Angaben, die mittels „klassischer" Verfahren gewonnen werden konnten (UV, IR, rel. Molekülmasse, Quellung), auch solche, die erst in den letzten Jahren durch den Fortschritt der Methodik erhalten worden sind (NMR, ESR). Den Kapiteln über die biologische und thermische Zersetzung des Lignins und den Bindungsverhältnissen des Lignins in der Pflanze folgt zum Schluß eine Besprechung der technischen Verwendung des Lignins. Obwohl auf diesem Gebiet nun schon seit Jahrzehnten erhebliche Anstrengungen unternommen worden sind, ist die Palette der wirtschaftlichen (!) Nutzung der beim Holzaufschluß in riesigen Mengen anfallenden Ligninderivate ein noch immer weitgehend ungelöstes Problem.

Jedes Kapitel besitzt ein eigenes Literaturverzeichnis. Das mit einem Autor- und Sachverzeichnis ausgestattete Buch erscheint in einer sehr guten Aufmachung; der Preis erscheint der Monographie nach Inhalt und Form angemessen. Das Buch ist all denen, die sich mit Fragen der Holzforschung im umfassenden Sinne beschäftigen, sehr zu empfehlen. *H. Koblitz*

Thesaurus of Textile Terms covering Fibrous Materials and Processes. Second Edition. Hgg. von *Stanley Backer* und *Emery I. Valko.* Cambridge, Massachusetts, und London, England: The M.I.T.-Press (Massachusetts Institute of Technology) 1969. XV, 448 S. 4°. Lwd. 234 s.

Dieser im Februar 1969 erschienene Thesaurus ist die zweite Auflage des im Februar 1966 herausgegebenen "Thesaurus of Textile Engineering Terms". Die Erweiterung des Umfanges von 262 Seiten mit rd. 5550 Deskriptoren auf 463 Seiten mit 8000 Deskriptoren und 72000 Begriffen ist nicht so sehr durch die Aufnahme neuer Ausdrücke und Ausmerzungen überholter gegenüber der Erstausgabe, als vielmehr durch die aus dem neuen Titel ersichtliche Inhaltserweiterung bedingt. Auch hier zeigt sich eine Erkenntnis, die auch zu der zusammenfassenden Bearbeitung der Literaturschau und der Referatekartei „Faserstoffe und Textiltechnik" führte, daß nämlich die Literatur dieser Gebiete so miteinander verflochten ist, daß die losgelöste Bearbeitung einzelner Teile zu dauernden Überschneidungen und damit zu unwirtschaftlicher Doppelarbeit führen muß. So soll die neue Auflage nach dem Klappentext „einen geprüften Wortschatz für alle textilen Fachausdrücke vom chemischen Ursprung bis zum endlichen Absatz" bieten. Oder, wie es das Vorwort ausdrückt: „Dieser Thesaurus ist in erster Linie zur Nutzung beim Speichern und Wiederauffinden von Informationen über textile Materialien und Prozesse bestimmt. Sein Umfang dient den Bedürfnissen des Faserstoffherstellers, des Herstellers und Veredlers von textilen Stoffen, des Weiterverarbeiters, des Herstellers und Verteilers von Bekleidungen, des Produzenten von Textilhilfsmitteln und Farbstoffen, des Textilmaschinenerzeugers, der Materialprüflaboratorien der Regierung, der Verteilerorganisationen und der Verbraucherverbände sowie der Textilfachleute in den Bereichen der Wirtschaft." Dabei ist, wie an anderer Stelle ausgeführt wird, die Auswahl im Detail vom Gesichtspunkt der Textil- und Veredlungsindustrie aus erfolgt.

Der Thesaurus ist von den Mitarbeitern der Fibers and Polymers Division des Mechanical Engineering Department im Massachusetts Institute of Technology unter Zuhilfenahme zahlreicher Quellen und mit Unterstützung vieler Organisationen und Persönlichkeiten zusammengestellt worden. Da er als Vertragsforschungsarbeit vom US Department of Commerce finanziert wurde, ist er zum Nachdruck mit der üblichen Quellenangabe freigegeben, eine Großzügigkeit, die seiner allgemeinen Verbreitung und Nutzung nur dienlich sein kann. So bestehen auch bereits Übersetzungen in die französische und die nordischen Sprachen.

Den Hauptteil des Buches von 263 Seiten bildet die — mittels des Druckwerkes des Computers hergestellte — alphabetisch geordnete Liste aller im Thesaurus enthaltenen Begriffe. Dabei sind unter den ausgewählten Deskriptoren (Key words) jeweils die nicht zu verwendenden synonymen Begriffe (mit dem Vorsatz UF = use for), untergeordnete Begriffe (NT = narrower terms), übergeordnete Begriffe (BT = broader terms) und verwandte Begriffe (RL = related terms) aufgeführt. Jeder dieser Begriffe ist auch für sich mit entsprechenden Verweisungen im Alphabet vertreten. Anschließend ist auf 68 Seiten eine alphabetische Liste der Deskriptoren in größerer Schrift ausgedruckt, die dem mit dem Thesaurus Vertrauten ein schnelleres Auffinden des gesuchten Deskriptors ermöglicht. Schließlich folgt auf 7 Seiten ein Verzeichnis der bei der Erarbeitung des Thesaurus benutzten 62 Literaturquellen.

Im Anhang des Buches werden Ausführungen zu drei Problemkreisen gemacht:

Im Anhang A "Problems of Textile Information Retrieval" wird auf 54 Seiten über die Anforderungen der verschiedenen Nutzergruppen an die Textilinformation und über die Möglichkeiten und Probleme für den Informationsfachmann bei der Erfüllung dieser Nutzerwünsche berichtet. Der beste Weg zur Schaffung eines optimalen Informationssystems wird in der Zusammenarbeit zwischen Nutzer und Informationsfachmann gesehen.

Im Anhang B "Ground Rules for Use of the Textile Thesaurus in Indexing and Searching" (18 Seiten) werden zunächst die Regeln für die gegenseitige Zuordnung der Begriffe näher erläutert. Danach werden die Prinzipien für die Wahl und Verwendung der Begriffe für eine Reihe von Fällen, wie z. B. die Terminologie für chemische Verbindungen, Prüfen und Prüfgeräte, Faser-, Garn- und Gewebeeigenschaften, Verfahren, Maschinen und Produkte, Polymere usw. behandelt.

Im Anhang C "Tables of Hierarchical Relationships" (36 Seiten) werden die hierarchischen Zusammenhänge für folgende Oberbegriffe aufgeführt: Faserstoffe (mit besonderer Kennzeichnung der Cellulose-, der Protein- und der Hochtemperaturfasern) — Garne — Flächengebilde — Eigenschaften — Färberei — Farbstoffe — Chemisch erzeugte Ausrüstungseffekte — Oberflächenaktive Substanzen.

Am Schluß des Bandes sind auf 2 Seiten während der Drucklegung neu aufgenommene Deskriptoren aufgeführt.

Die Entwicklung eines solchen Thesaurus ist eine niemals abgeschlossene Aufgabe, da — abgesehen von etwaigen Gebietserweiterungen — in der Literatur neu auftauchende Begriffe laufend eingefügt sowie andere auf Grund der Häufigkeit ihres Auftretens weiter untergliedert, auch wohl gelegentlich veraltete Ausdrücke ausgemerzt bzw. auf ihren Oberbegriff bezogen werden müssen. Diese Weiterentwicklung kann sinnvoll nur im Laufe der Benutzung vor sich gehen, die bei diesem Thesaurus international an verschiedenen Stellen erfolgt. Auffällig ist dabei, daß auf einen systematischen Teil bis auf die angegebenen hierarchischen Tafeln verzichtet worden ist und der Thesaurus offenbar doch befriedigend arbeitet. Allerdings werden in ihm wissenschaftliche Begriffe, z. B. Biologie, Chemie, Physik, Physikalische Chemie, Mathematik usw., nicht weiter untergliedert. Wenn auch der alphabetische Aufbau es theoretisch möglich macht, Unterbegriffe aus solchen wissenschaftlichen Disziplinen einzufügen und durch weitere hierarchische Tafeln in Beziehung zu setzen, so dürfte damit doch die Grenze der Übersichtlichkeit erreicht und die Aufstellung eines systematischen Teils — z. B. nach den Oberbegriffen der DK — geboten sein.

Da die Auswahl und vor allem die laufende Ergänzung der Deskriptoren und Begriffe nach dem Häufigkeitsprinzip auf Grund ihres Auftretens in der Literatur erfolgt, stellt dieser Thesaurus, auch wenn er nicht als solcher benutzt wird, eine außerordentlich wertvolle, überprüfte Wortsammlung aus dem Faserstoff- und Textilgebiet dar, die die Grundlage entsprechender Arbeiten bilden kann. Er ist als das Ergebnis einer vorbildlichen Zusammenarbeit auf dem Gebiet der Textilinformation hoch einzuschätzen. *J. Brämer*

1968 Book of ASTM Standards. Part 24. Textile Materials — Yarns, Fabrics, and General Methods. Ausgabe Oktober 1968. Herausgegeben von der American Society for Testing and Materials. 1916 Race St., Philadelphia, Pa. 19103. Baltimore (USA): American Society for Testing and Materials. September 1968. XXII, 728 S. Lwd. $ 13,00.

Welcher Fortschritt bei der Erarbeitung von Prüfstandards erreicht worden ist, wird besonders deutlich, wenn eine Sammlung der neuen Ausgaben mit einer älteren Zusammenstellung verglichen werden kann. So ist es dem Rezensenten möglich, die vorliegende Ausgabe 1968 mit der von 1964 zu vergleichen, wobei sich folgendes zeigt:

Während 1964 nur 78 Standards und Standardentwürfe für Prüfverfahren sowie empfohlene Verfahrensweisen bei der Prüfung und Gütebeurteilung in Band 24 enthalten waren, stieg diese Zahl 1968 auf 87. Davon sind 36 Standards unverändert, 24 als neuere Ausgaben älterer Standards und 27 neu aufgenommen worden. 4 der früher enthaltenen Standards sind völlig zurückgezogen, 4 in den Band 25 aufgenommen und 9 weitere zu neuen Standards zusammengefaßt oder auf mehrere neue Standards aufgeteilt worden.

Zu den völlig zurückgezogenen Verfahren zählen diejenigen für die Prüfung von Geweben (ASTM D 39, aufgegeben 1966), von Baumwollgeweben für die Beschichtung (D 334, aufgegeben 1967), von textilen Schläuchen und Geflechten (D 354, aufgegeben 1967) und von Fehleranzahlen in Garnen (D 1772, aufgegeben 1967). In den Band 25 sind die Verfahren zur Identifizierung von Fasern (D 276), zur Kupfer- und Manganbestimmung (D 377), zur Viskositätsbestimmung (D 539) und zur quantitativen Faseranalyse (D 629) übernommen worden. Die Toleranzen für Baumwollgarne (D 180), Wolle enthaltende Garne (D 1285), Viskose- und Acetatfasergarne (D 1453) sowie Mischgarne (D 1454) wurden in Toleranzen für Garne nach dem Streichgarnverfahren (D 2644) bzw. nach dem Baumwoll- oder Kammgarnverfahren (D 2645) zusammengefaßt. In die Toleranzen für Baumwoll- und Baumwollmischgewebe (D 2514) sind die bisherigen Toleranzen für leichte und mittelschwere Baumwollgewebe (D 274), für bestimmte kardierte Baumwollrohgewebe (D 433), bestimmte Rohgewebe aus feinstapeliger Baumwolle (D 679) und bestimmte Baumwoll- und Baumwollmischgewebe (D 680) aufgenommen worden. Die bisher in D 1380 enthaltenen Prüfverfahren für Chemiefasern und Chemieseiden wurden in Einzelverfahren für die Bestimmung der Drehung (D 1422, D 1423), der Feinheit (D 1907), der Reißkraft und Dehnung (D 2256), der extrahierbaren Anteile (D 2257) und der Handelsmasse (D 2494) aufgeteilt.

Auf die unverändert oder in neueren Ausgaben aufgenommenen Standards soll hier nicht gesondert eingegangen werden, da dies bereits in der Rezension der Ausgabe 1964 (Faserforschung und Textiltechnik (1965) 4, S. 217). geschehen ist.

Die teilweise aus Band 25 übernommenen, teilweise neu aufgenommenen Standardtoleranzen umfassen Reifencordgewebe (D 122), bei Entwürfen zu Toleranzen handelt es sich um die bereits oben erwähnten D 2514, D 2644 und D 2645. Neue Standardprüfverfahren beziehen sich auf gewebte und getuftete Flor-Fußbodenbeläge (D 418), Filze (D 461), technische Fäden und Flächengebilde aus Chemiefaserstoffen (D 885), Papierfäden (D 1057), Vliesstoffe (D 1117), die Flor-Ausreißkraft bei Fußbodenbelägen (D 1335), die Weiterreiß-Festigkeit von Filmen und Folien (D 1922), die Änderung des Aussehens von Flor-Fußbodenbelägen während des Gebrauchs (D 2401), Juterückengewebe für Fußbodenbeläge (D 2404), Wollfilz (D 2475) und die Luftdurchlässigkeit längs von in Gummi eingebetteten Geweben (D 2692). Die empfohlene Praxis für die künstliche Bewetterung in Geräten mit Kohlebogenstrahlern ist ebenfalls neu aufgenommen worden (E 42).

Auch von den versuchsweise vorgeschlagenen Toleranzen und Prüfverfahren sind einige früher im Band 25 enthalten gewesen, einige neu. Im einzelnen handelt es sich um Toleranzen und Prüfverfahren für Baumwoll-Reifencord und -Cordgewebe (D 179), Feinheitsprüfverfahren für Fäden aus Flächengebilden (D 1116), Definitionen für Gewebefehler (D 2367), die Bestimmung der Handesmasse für Lieferungen von Fäden (D 2494), Feinheitsprüfverfahren für Elastomerfäden (D 2591), Prüfverfahren für Flächengebilde zu Teppichrückseiten (D 2646), den Zugversuch mit konstanter Verformungsgeschwindigkeit für Elastomerfäden (D 2653), Verfahren zur Feuchtebestimmung in Textilmaterial (D 2654), Verfahren zur Bestimmung der Trockenreinigungsbeständigkeit von wasserabweisenden Ausrüstungen (D 2721), zur Bestimmung der Trockenreinigungs- und Waschbeständigkeit geklebter und laminierter Flächengebilde für Bekleidung (D 2724) und den Elastizitätsversuch mit konstanter Verformungsgeschwindigkeit für Elastomerfäden (D 2731).

F. Winkler

Statistische Auswertungsmethoden. Von *Lothar Sachs.* Berlin/Heidelberg/New York: Springer 1968. 695 S. mit 59 Abb. und 190 Tab. Offsetdruck. Lwd. DM 58.—.

Die Bedeutung der mathematischen Statistik für Industrie und Wirtschaft sowie für die zugeordneten Wissenschaftszweige kann heute auch an der Zahl der Buchtitel auf diesem Gebiet gemessen werden, wobei der Schwerpunkt einmal mehr auf der theoretischen Grundlage, zum anderen mehr auf der Seite der Anwendung liegt. Diejenigen Werke, die den mehr oder weniger mathematisch unvorbelasteten — Anwender ansprechen, unterscheiden sich vor allem in der Art, wie sie den Stoff „an den Mann" bringen. Unter diesem Gesichtspunkt wollen wir vorliegenden Titel betrachten, der als Lehr- und Nachschlagebuch für den Nichtmathematiker gedacht ist.

Es ist dem Verfasser in dankenswerter Weise gelungen, aus der unübersehbaren Literatur (das angefügte Verzeichnis der neueren Literatur umfaßt 85 Seiten!) vieles herauszuziehen und zusammenzutragen, was für den Anwender unmittelbar von Bedeutung ist, aber für ihn bisher praktisch nicht oder nur lückenhaft auffindbar war. Die grundlegende mathematische Substanz ist naturgemäß etwa die gleiche wie in vielen Büchern mit ähnlichen Titeln. Da der Verfasser diese Substanz jedoch mit den Augen eines Anwenders sieht, vermag er sich die Fragen vorzustellen und in verständlicher Weise zu beantworten, die den Anwender bewegen, z. B. wenn die Bedingungen, von denen der Mathematiker ausgeht, nicht oder nicht ausreichend erfüllt sind. Er interpretiert die gegebene Situation und zieht diejenigen Quellen heran, die für den weiteren Weg geeignet sind.

Eine Vorbemerkung enthält das allgemeine mathematische Rüstzeug zum Verständnis mathematischer Darstellungen. Im 1. Kapitel „Statistische Entscheidungstechnik" bilden Grundlagen der Wahrscheinlichkeitsrechnung und mathematischen Statistik den Leitfaden. Das 2. Kapitel „Anwendung statistischer Verfahren in Medizin und Technik" bringt auf nur 51 Seiten eine konzentrierte Übersicht, wobei — was zu begrüßen ist — z. B. bezüglich Kontrollkartentechnik und Stichprobenplänen auf die ausführliche Spezialliteratur verwiesen wird. Als eine wahre Fundgrube können die folgenden beiden Kapitel, die den Verfahren zum Vergleichen bzw. Prüfen statistischer Aussagegrößen gewidmet sind, sowie auch das 5. Kapitel „Korrelation und Regression" bezeichnet werden. Es folgen die Kapitel „Auswertung von Mehrfeldertafeln" und „Varianzanalytische Methoden".

In sämtlichen Kapiteln ist alles für den Anwender Wesentliche sofort an Ort und Stelle eingefügt. Es wird auf das Entstehen und Vorkommen entsprechender Zusammenhänge in der Praxis Bezug genommen. Das rechnerische, grafische, tabellarische und sonstige „Werkzeug" für die praktische Auswertung wird dargelegt (190 Tabellen, meist Auszüge aus Tafeln umfangreicher Tabellenwerke). Hierbei ist besonders auf die Fülle von vereinfachten und Näherungsverfahren hinzuweisen, die aus der Literatur zusammengetragen und in anschaulicher Weise eingeordnet wurden.

Das Verständnis wird durch 370 jeweils zugeordnete, vollständig durchgerechnete Zahlenbeispiele wesentlich erleichtert, die durch 58 Übungsaufgaben mit Lösungen ergänzt werden. Die Hinweise auf die herangezogene und auf weiterführende Literatur unmittelbar im laufenden Text bietet die besten Voraussetzungen für ein weitergehendes Studium.

Die Bedeutung des Buches für den fortgeschrittenen Anwender kann nicht hoch genug eingeschätzt werden; er wird in jedem Falle manches für ihn Wertvolle finden. Dem Anfänger, der von der Fülle der Wege und Möglichkeiten erdrückt würde, hilft der Autor, indem er die zur Übersicht notwendigen Kapitel durch Pfeile hervorhebt.

Die vom Autor im Vorwort selbst angeschnittene schwierige Frage der inhaltlichen Ordnung und Gliederung ist wahrscheinlich noch nicht optimal gelöst. Das Auffinden einer bestimmten gewünschten Information in diesem „Nachschlagebuch" wird durch das ausführliche Sachwortverzeichnis unterstützt, weniger jedoch durch die Kapitel- und Abschnittsüberschriften im Inhaltsverzeichnis. Leider fehlen Abschnittsnummern und -überschriften in den Kolumnentiteln; sie würden das Arbeiten mit diesem wertvollen Buch erleichtern.

H. Martin

Patentschau

Auszug aus der Lieferung 17/18/1969 der Patentschau „Faserstoffe und Textiltechnik", Ausgabe A: Faserstoffe einschl. Kunststoffe und organ. Grundsubstanzen, zusammengestellt von der Abteilung Wissenschaftliches Berichtswesen des Instituts für Faserstoff-Forschung der DAW, 153 Teltow-Seehof, Kantstr. 55

Die Patentschau ist nach der deutschen Patentklasseneinteilung gegliedert. Es bedeuten: DDP = DDR-Patent; DBP = Deutsches Bundespatent; DAS = (West)-Deutsche Auslegeschrift; DOS = (West)-Deutsche Offenlegungsschrift; OeP = Österreichisches Patent; PoP = Polnisches Patent; SzP = Schweizer Patent; FrP = Französisches Patent; GBP = Britisches Patent; JaP = Japanisches Patent; SvP = Schwedisches Patent; SUP = Sowjetisches Patent; ČSP = Tschechoslowakisches Patent; USP = Amerikanisches Patent; A = Anmeldedatum, B = Tag der Ausgabe der Patent- bzw. Auslegeschrift.

Klasse 12o, 14. Aromatische Carbonsäuren und Harzsäuren (teilweise)

FrP 1569704 (Aj.). Verfahren zur Reinigung von Terephthalsäure. Inh.: Progil. A. 26. 2. 68, B. 6. 6. 69. Int. Kl.: C 07 c. A.-Z.: 141514.

JaP 7928/69. Terephthalsäure. Inh.: Kawasaki Chem. Ind. Co., Ltd. A. 17. 5. 65, B. 14. 4. 69. Kl.: 16 C. A.-Z.: 28611/65.

USP 3448146 Zus. z. Pat. m. A.-Z.: 376586. A. 19. 6. 64. Verfahren zum Reinigen von Terephthalsäure. Erf.: *Henri K. Lese, John H. McCracken* u. *Johann G. D. Schulz.* Inh.: Gulf Research & Development Co., Pittsburgh, Pa. A. 13. 12. 65, B. 3. 6. 69. Kl.: 260-525, Int. Kl.: C 07 c 51/20, 51/48, 51/16. 7 Anspr. A.-Z.: 513528.

Klasse 12 o, 21. Carbonsäuren mit ungesättigter Atomkette, z. B. Zimtsäure (teilweise)

FrP 1568755. Verfahren zur direkten Synthese von Acrylnitril. Erf.: *C. Ronneau* u. *A. Van Tiggelen.* Inh.: Institut Français du Petrole, des Carburants et Lubrifiants. A. 5. 7. 67, B. 30. 5. 69. Int. Kl.: C 07 c. A.-Z.: 113272.

JaP 2967/69. Methacrylnitrilherstellung. Inh.: Mitsubishi Chem. Ind. Ltd. A. 29. 3. 66, B. 7. 2. 69. Kl.: 16 B. A.-Z.: 18990/66.

USP 3446833. Katalytische Ammonoxydation von Olefinen zu Nitrilen. Erf.: *Enrico Cavaterra, Natale Ferlazzo* u. *Guido Petrini.* Inh.: Montecatini Edison S. p. A., Mailand (It). A. 19. 12. 66, B. 27. 5. 69. Kl.: 260-465, 3. Int. Kl.: C 07 c 121/02, 121/32. 10 Anspr. A.-Z.: 602499. Prior.: 28. 12. 65 (It; A.-Z.: 28834/65). Entspr. FrP 1505215.

USP 3446834. Katalytisches Ammonoxydation von Olefinen zu Nitrilen. Erf.: *Enrico Cavaterra* u. *Natale Ferlazzo.* Inh.: Montecatini Edison S. p. A., Mailand (It). A. 19. 12. 66, B. 27. 5. 69. Kl.: 260-465, 3. 10 Anspr. A.-Z.: 602501. Prior.: 28. 12. 65 (It; A.-Z.: 28833/65). Entspr. FrP 1505864.

Klasse 29 a. Mechanische Gewinnung von Gespinstfasern

GBP 1155141. Behandlung von Polyacrylnitrilfäden zur Herstellung von Hochbauschgarnen. Inh.: Acsa-Applicazioni Chimiche S. p. A. A. 29. 7. 66, B. 18. 6. 69. Kl.: B 5. B, Int. Kl.: D 01 f 7/06. A.-Z.: 34286/66. Prior.: 10. 8. 65 (It; A.-Z.: 18198). Entspr. SzP 456024 u. FrP 1488021.

DOS 1435615. Verfahren zur Herstellung von Flocken zur Durchführung einer Beflockung von Gegenständen auf elektrischem Wege. Erf.: *Bernhard Domin.* Anm.: Dr. Plate GmbH, Bonn. A. 25. 5. 71, O. 27. 2. 69. Kl.: 29 a, 6/05. A.-Z.: P 1435615 (P 27218). Entspr. SzP 405593.

DOS 1435327. Verfahren zur Herstellung von Effektgarn. Erf.: *Yasuji Nakahara.* Anm.: Asahi Kasei Kogyo Kabushiki Kaisha, Osaka (Ja). A. 27. 11. 63, O. 30. 1. 69. Kl.: 29 a, 6/06. A.-Z.: P 1435327 (A 44655). Prior.: 17. 12. 62 (Ja; A.-Z.: 55393). Entspr. USP 3333040.

DOS 1435738. Kompensationsfadenbremse. Erf.: *Karl-Peter Grams.* Anm.: Glanzstoff AG, 5600 Wuppertal. A. 29. 12. 64, O. 6. 3. 69. Kl.: 29 a, 6/06. A.-Z.: P 1435738 (V 27477). Entspr. SzP 441916.

JaP 5347/69. Gebauschte konjugierte Fäden. Inh.: Asahi Chem. Ind. Co., Ltd. A. 15. 3. 67. B. 5. 3. 69. Kl.: 42 A. A.-Z.: 15823/67.

USP 3438192 Zus. z. Pat. m. A.-Z.: 480730. A. 18. 8. 65. Faden und Gewebe mit verbesserter Beständigkeit gegen Pillbildung. Erf.: *James Francis Ryan jr.†*, Inh.: E. I. du Pont de Nemours and Co., Wilmington, Del. A. 28. 9. 66, B. 15. 4. 69. Kl.: 57-140, Int. Kl.: D 02 g 3/04, 3/24, 3/36. 11 Anspr. A.-Z.: 582482.

SzP 474576. Verfahren zur Zusammenfassung und Befeuchtung von Spinnfäden aus Hochpolymeren. Erf.: *Fritz Leu* u. *Ulrich Kemp*. Inh.: Inventa AG für Forschung und Patentverwertung, Zürich, Stampfenbachstr. 38, Zürich. A. 14. 4. 67. Int. Kl.: D 01 d 11/00. A.-Z.: 5338/67.

JaP 2055/69. Feuchtekontrolle von schmelzgesponnenen Fäden. Inh.: Toyo Rayon Co., Ltd. A. 11. 7. 64, B. 29. 1. 69. Kl.: 42 A. A.-Z.: 38708/64.

USP 3443009. Verfahren zur Relaxation von Fadenmaterial. Erf.: *Lester Daniel Chirgwin jr.* Inh.: American Cyanamid Co., Stamford, Conn. A. 17. 8. 64, B. 6. 5. 69. Kl.: 264-342, Int. Kl.: D 02 j 13/00. 9 Anspr. A.-Z.: 389833. Entspr. GBP 1075981 u. GBP 1075982.

DOS 1435566. Vorrichtung zum Herstellen von Verbund-Kunstfäden. Erf.: *Kunijiro Nonami* u. *Shoji Sato*. Anm.: Mitsubishi Vonnel Co. Ltd., Tokio. A. 9. 10. 63, O. 6. 2. 69, Kl.: 29 a, 6/10. A.-Z.: P 1435566 (M 58467). Prior.: 10. 10. 62 (Ja; A.-Z.: 44660 u. 44661). Entspr. GBP 1002683 u. USP 3237245.

GBP 1153543. Spinndüsenplatte zur Herstellung von Fäden mit nichtkreisförmigem Querschnitt und die hergestellten Fäden. Inh.: Snam Progetti S. p. A. A. 10. 7. 67, B. 29. 5. 69. Kl.: B 5. B, Int. Kl.: D 01 d 3/00. A.-Z.: 31726/67. Prior.: 11. 7. 66 (It; A.-Z.: 773531). Entspr. FrP 1537065 u. FrP 1537066.

JaP 7729/69. Spinndüse. Inh.: Kanegafuchi Spinning Co., Ltd. A. 29. 1. 65, B. 11. 4. 69. Kl.: 42 A. A.-Z.: 4949/65. Entspr. SzP 426084, FrP 1472063 u. GBP 1048370.

USP 3439381. Spinndüse. Erf.: *Hermanus Plomp*. Inh.: Algemene Kunstzijde Unie, N. V., Arnhem (Nd). A. 7. 12. 66, B. 22. 4. 69. Kl.: 18-8, Int. Kl.: D 01 d 5/00. 9 Anspr. A.-Z.: 599796. Prior.: 10. 12. 65 (Nd; A.-Z.: 6516064). Entspr. FrP 1503306.

USP 3447202. Spinnvorrichtung mit einer Spinndüse und einer langen Kammer, die Vorrichtungen für eine verzögerte Abkühlung aufweist. Erf.: *Haruto P. Kato*. Inh.: Uniroyal Inc., New York, N. Y. A. 6. 7. 64, B. 3. 6. 69. Kl.: 18-8, Int. Kl.: D 01 d 5/12 u. D 01 f 7/06. 1 Anspr. A.-Z.: 380442. Entspr. FrP 1438145 u. GBP 1075022.

DOS 1435511. Verfahren zur Herstellung voluminöser Garne und Gewebe. Erf.: *Yoshimasa Fujita*, *Kazumi Nakagawa*, *Keitaro Shimoda* u. *Koji Miyashita*. Anm.: Japan Exlan Co., Ltd., Osaka (Ja). A. 13. 10. 64, O. 30. 1. 69. Kl.: 29 a, 6/20. A.-Z.: P 1435511 (J 26689). Prior.: 14. 10. 63 (Ja; A.-Z.: 55199). Entspr. FrP 1527680.

DOS 1435693. Verfahren zur Herstellung von Kräuselgarnen und Vorrichtung zur Durchführung des Verfahrens. Erf.: *Paolo Parmeggiani* u. *Domenico Nicita*. Anm.: Snia Viscosa Società Nazionale Industria Applicazioni Viscosa S. p. A., Mailand (It). A. 23. 12. 64, O. 6. 3. 69. Kl.: 29 a, 6/20. A.-Z.: P 1435693 (S 94814). Prior.: 27. 12. 63 (It; A.-Z.: 26587). Entspr. FrP 1419155 u. USP 3343240.

DAS 1292305. Lagerung für schnellaufende Drehröhrchen zum Kräuseln von Textilfäden. Erf.: *Gerhard Schüssler*. Anm.: Zwirnerei Ackermann, Werk der Ackermann Göggingen AG, 7100 Heilbronn. A. 5. 10. 60, B. 10. 4. 69. Kl.: 29 a, 6/20. A.-Z.: P 1292305 (Z 8275). Entspr. SzP 384770.

GBP 1156210. Seide mit potentieller Kräuselung. Inh.: Imperial Chemical Industries Ltd. A. 10. 10. 66, B. 25. 6. 69. Kl.: D 1. W, Int. Kl.: D 02 g 3/22. A.-Z.: 45684/65. Entspr. FrP 1501157.

USP 3438194. Verfahren zur Herstellung eines Mehrkomponentenfadens mit in Abständen angebrachten Schlingen. Erf.: *Giacomo Cerutti*, *Giorgio Faraci* u. *Fabio Tovaglieri*. Inh.: Bemberg S. p. A., Mailand (It). A. 2. 11. 67, B. 15. 4. 69. Kl.: 57-157, Int. Kl.: D 02 g 3/02. 9 Anspr. A.-Z. 680194. Prior.: 24. 11. 66 u. 31. 5. 67 (It; A.-Z.: 30338/66 u. 16739/67). Entspr. SzP 460239 u. FrP 1553885.

USP 3439394. Verfahren zur Herstellung eines aufspaltbaren gekräuselten Kabels. Erf.: *Jack N. Gray* u. *George A. Watson*. Inh.: Celanese Corp. A. 13. 7. 64, B. 22. 4. 69. Kl.: 28-72, Int. Kl.: D 04 h 17/12. A.-Z.: 382017. Entspr. SzP 439575 u. FrP 1439750.

USP 3441989. Verfahren und Vorrichtung zum Texturieren von Fäden. Erf.: *Robert J. Clarkson* u. *Robert Miller*. Inh.: Uniroyal, Inc., New York, N. Y. A. 21. 4. 67, B. 6. 5. 69. Kl.: 28-1, Int. Kl.: D 02 g 1/16 u. D 01 d 5/22. 15 Anspr. A.-Z.: 632612. Entspr. FrP 1562456.

DOS 1435606. Vorrichtung zum Schmelzspinnen. Erf.: *James Watt Ijsbrand Heijnis*. Anm.: N. V. Onderzoekingsinstituut Research, Arnhem (Nd). A. 30. 10. 64, O. 13. 2. 69. Kl.: 29 a, 6/31. A.-Z.: P 1435606 (N 25750). Prior.: 20. 11. 63 (Nd; A.-Z.: 300775). Entspr. SzP 435541 u. GBP 1087037.

DAS 1292306. Schmelzspinnvorrichtung. Erf.: *Heinz Schippers* u. *Karl Ostertag*. Anm.: Glanzstoff AG, 5600 Wuppertal A. 18. 12. 65, B. 10. 4. 69. Kl.: 29 a, 6/31. A.-Z.: P 1292306 (V 29972). Entspr. SzP 439573 u. FrP 1505152.

USP 3437725. Verfahren und Vorrichtung zum Schmelzspinnen. Erf.: *Norwin Caley Pierce*. Inh.: E. I. du Pont de Nemours and Co., Wilmington, Del. A. 29. 8. 67, B. 8. 4. 69. Kl.: 264-176, Int. Kl.: B 28 b 3/20. 2 Anspr. A.-Z.: 664059. Entspr. SzP 469819.

GBP 1155961. Verfahren und Vorrichtung zur Herstellung von synthetischen Faserstoffen durch Fibrillieren orientierter Filme aus synthetischem polymerem Material. Inh.: Rasmussen, O.-B. A. 29. 6. 66, B. 25. 6. 69. Kl.: B 5. B, Int. Kl.: D 01 d 5/00. A.-Z.: 16414/65. Entspr. SzP 449169.

Klasse 29 b. Chemische Gewinnung bzw. Herstellung von Spinnfasern und Fäden sowie ihre Präparation für die textile Weiterverarbeitung

USP 3441368. Verfahren zum Waschen von Wolle. Erf. u. Inh.: Raymond Arthur Couche, 168 Adelaide Terrace, Perth, Western Australia (Au). A. 11. 7. 66, B. 29. 4. 68. Kl.: 8-139, 1. Int. Kl.: D 06 1 1/02, 1/22. 12 Anspr. A.-Z.: 568095. Prior.: 12. 7. 65 (Au; A.-Z.: 61308/65). Entspr. FrP 1486375.

USP 3438884. Herstellung von Borfäden in einer elektrischen Entladung. Erf.: *Arvo J. Juhola* u. *Thomas A. Pferdehirt*. Inh.: Mine Sefety Appliances Co. A. 17. 10. 66, B. 15. 4. 69. Kl.: 204-164, Int. Kl.: C 22 d 7/00 u. C 01 b 35/00. 14 Anspr. A.-Z.: 587154.

JaP 2058/69. Modifizierung von konjugierten Celluloseregeneratfaserstoffen. Inh.: Kanegafuchi Spinning Co., Ltd. A. 16. 11. 69, B. 29. 1. 69. Kl.: 42 A. A.-Z.: 75326/66.

JaP 2060/69. Faden. Inh.: Asahi Chem. Co. Ind. Ltd. A. 24. 10. 66, B. 29. 1. 69. Kl.: 42 B. Al-Z.: 69903/66. Entspr. FrP 1543596 u. USP 3431336.

DAS 1290657. Verfahren zur Herstellung von Spinnlösungen von β-Polyamiden. Erf.: *Ernst Höroldt*, Anm.: Farbwerke Hoechst AG vorm. Meister Lucius & Brüning, 6230 Frankfurt-Höchst. A. 18. 4. 64, B. 13. 3. 69. Kl.: 29b, 3/60. A.-Z.: P 1290657 (F 42649). Entspr. FrP 1432967 u. GBP 1100202.

DAS 1291052. Verfahren zum Herstellen von Polyesterfäden mit Hohlräumen. Erf.: *Osamu Fukushima* u. *Takeshi Yasui*. Anm.: Kurashiki Rayon Co. Ltd., Kurashiki City (Ja). A. 20. 3. 64, B. 20. 3. 69. Kl.: 29 b, 3/60, A.-Z.: P 1291052 (K 52439). Prior.: 20. 3. 63 (Ja; A.-Z.: 14776). Entspr. FrP 1385045 u. GBP 1066061.

JaP 2064/69. Lineares Polyamid mit Wassergehalt. Inh.: Asahi Chemical Industry Co., Ltd. A. 11. 10. 65, B. 29. 1. 69. Kl.: 42 D. A.-Z.: 62077/65. Entspr. SzP 463012 u. FrP 1481544.

USP 3443002. Verfahren zur Herstellung von texturierten Fäden. Erf.: *Taiichi Murao*, *Shigeo Katsuyama* u. *Toshio Sasaki*. Inh.: Asahi Kasei Kogyo Kabushiki Kaisha, Osaka (Ja). A. 26. 10. 66, B. 6. 5. 69, Kl.: 264-168. Int. Kl.: D 02 j 1/22 u. D 01 d 5/08, 5/22. 6 Anspr. A.-Z.: 589488.

DAS 1292313. Verfahren zur Herstellung von Polyvinylchloridfäden. Erf.: *Attilio Palvarini* u. *Angelo Bresciani*. Anm.: Snia Viscosa Societa Nazionale Industria Applicazioni Viscosa S. p. A., Mailand (It). A. 23. 12. 63, B. 10. 4. 69. Kl.: 29 b, 3/65. A.-Z.: P 1292313 (S 88875). Prior.: 24. 12. 62 (It; A.-Z.: 25206). Entspr. FrP 1377842 u. GBP 1034480.

OeP 275015. Verfahren zur Herstellung von Fasern aus hitzeempfindlichen Polymeren. Erf.: *Moshe M. Zwick*. Inh.: Nederlandse Organisatie voor Toegepast-Natuurwetenschappelijk Onderzoek ten behoeve van Nijverheid Handel en Verkeer, Den Haag. 11. 1. 66, A. B. 15. 1. 69. Kl.: 29 b, 15/04. A.-Z.: 210/66. Prior.: 1. 2. 65 (Nd).

JaP 5358/69. Synthetische Polyvinylalkoholfäden. Inh.: Kurashiki Rayon Co., Ltd. A. 15. 3. 66, B. 5. 3. 69. Kl.: 42 D. A.-Z.: 16258/66. Entspr. FrP 1511205.

JaP 7758/69. Verbesserte Acrylnitrilfäden. Inh.: Japan Exlan Co. Ltd. A. 27. 10. 65, B. 11. 4. 69. A.-Z.: 66245/65. Entspr. FrP 1497879.

USP 3439066 Zus. z. Pat. m. A.-Z.: 6598. A. 4. 2. 60. Färbbare Polypropylenfaserstoffe, die Copolymere von Acrylaten, Methacrylaten, Vinylpyridinen und N-substituierten Acrylamiden enthalten. Erf.: *Harry W. Coover jr.* u. *Frederick B. Joyner*. Inh.: Uniroyal Inc. A. 18. 4. 66, B. 15. 4. 69. Kl.: 260-895, Int. Kl.: C 08 f 29/12. 34 Anspr. A.-Z.: 543437. A.-Z.: 6598 entspr. DAS 1254286, DAS 1254287, DAS 1259500, GBP 968389, GBP 968692 u. GBP 975701.

JaP 7753/69. Acetalisierung oder Ketalisierung von Synthesefäden aus Polyvinylalkohol. Inh. nicht genannt. A. 10. 9. 66, B. 11. 4. 69. A.-Z.: 60066/66.

JaP 3272/69. Pfropfpolymerisation von Cellulosefaser. Inh.: Japan Atomic Energy Research Laboratories. A. 7. 12. 65, B. 10. 2. 69. A.-Z.: 74792/65.

Klasse 32 a, 37/00. Herstellung von Fasern oder Fäden aus flüssigem Glas, flüssigen Mineralien oder flüssiger Schlacke

DOS 1471912. Zur optischen Bildübertragung geeignetes Faserbündel und dessen Herstellung. Erf.: *Kunihiko Mukai*. Anm.: Nippon Glass Fiber Co. Ltd., Takachaya, Tsu City (Ja). A. 19. 10. 65, O. 30. 1. 69. Kl.: 32 a, 37/00. A.-Z.: P 1471912 (N 27505).

ČSP 131925. Scheibe zur Herstellung von Fasern aus anorganischen Massen. Erf.: *Jan Lehner*, *Arnošt Pryl*, *Vlastimil Šorm* u. *Václav Černý*. A. 9. 1. 67, B. 15. 10. 68. Kl.: 32 a, 37/00, Int. Kl.: C 03 b. A.-Z.: 189/67.

ČSP 132391. Vorrichtung zur Verteilung von aufgespulten Fasern. Erf.: *Miroslav Kubík* u. *Václav Stránik*. A. 27. 4. 67, B. 15. 11. 68. Kl.: 32 a, 37/00, Int. Kl.: C 03 b. A.-Z.: 3087/67.

DAS 1291445. Wärmebehandlungsverfahren für Glasfasern mit hohem Kieselsäuregehalt und geringer Adsorptionsfähigkeit. Erf.: *Robert C. Nordberg* u. *Forrest J. Lunn*. Anm.: Hitco, Los Angeles, Calif. (US). A. 7. 8. 61, B. 27. 3. 69. Kl.: 32 a, 37/10. A.-Z.: P 1291445 (T 30894).

DAS 1291866. Verfahren und Vorrichtung zum Anbringen eines seitenrißunempfindlichen Randes an Glasfaserbahnen. Erf.: *Hans Weisbart*. Anm.: Reichhold-Albert-Chemie AG, 2000 Hamburg. A. 5. 1. 66, B. 3. 4. 69. Kl.: 32 a, 37/10. A.-Z.: P 1291866 (R 42371).

USP 3446610. Vorrichtung zur kontinuierlichen Herstellung einer Glasfadenmatte. Erf. u. Inh.: Johannchristoph Riedel, Wagrain, Salsburg (Oe). A. 23. 10. 65, B. 27. 5. 69. Kl.: 65 – 9, Int. Kl.: C 08 b 37/04. A.-Z.: 503143. Prior.: 12. 12. 64 (It; A.-Z.: 26520/64).

Klasse 32 b, 25/00. Oberflächenbehandlung von Fasern oder Fäden aus Glas, Mineralien oder Schlacke

DOS 1494868. Geschlichtetes Glasfasermaterial. Erf.: *Hugo Streib* u. *Wilhelm Hechelhammer*. Anm.: Farbenfabriken Bayer AG, 5090 Leberkusen. A. 3. 8. 63, O. 30. 1. 69. Kl.: 32 b, 25/02. A.-Z.: P 1494868 (F 40408). Entspr. FrP 1402702 u. USP 3408225.

DOS 1494877. Verfahren zur Herstellung eines Schlichtemittels für Glasfasern. Erf.: *Kazuo Sano*, *Toshihito Fujita* u. *Yukio Yamaichi*. Anm.: Nitto Boseki Co. Ltd., Fukushima (Ja). A. 2. 8. 63, O. 6. 2. 69. Kl.: 32 b, 25/02. A.-Z.: P 1494877 (N 23549). Prior.: 3. 8. 62 (Ja; A.-Z.: 32361).

Klasse 39 b. Makromolekulare Verbindungen; ihre Herstellung und chemische Verarbeitung; Massen auf der Grundlage derartiger Verbindungen

Klasse 39 b 1. Polysaccharide und deren Derivate

USP 3443419. Verfahren und Vorrichtung zur Messung des Reifegrades von Viskose. Erf.: *Willem Gruitroy* u. *Dirk J. Raaben*. Inh.: American Enka Corp., Enka, N. C. A. 18. 10. 66, B. 13. 5. 69. Kl.: 73-64, 1, Int. Kl.: G 01 n 11/00. 6 Anspr. A.-Z.: 587492. Prior.: 27. 10. 65 (Nd; A.-Z.: 6513877)

Klasse 39 b 4. Polymerisationsprodukte

USP 3440238. Polymerisation von Olefinen in einem Gravitationsbett. Erf.: *Adrew J. Foglia*, *Arnold F. Stancell* u. *Raymond J. McGowan*. Inh.: Mobil Oil Corp. A. 8. 9. 65, B. 22. 4. 69. Kl.: 260-94, 9, Int. Kl.: C 08 f 1/06. 4 Anspr. A.-Z.: 485718. Entspr. FrP 1491798 u. GBP 1090014.

USP 3442820. Vorbehandlung von Katalysatoren zur Olefinpolymerisation. Erf.: *Steffen F. Dieckmann*. Inh.: Hercules Inc. A. 30. 3. 66, B. 6. 5. 69. Kl.: 252-429. Int. Kl.: B 01 j 11/00, 11/78 u. C 08 f 3/02. 3 Anspr. A.-Z.: 538561. Entspr. FrP 1517470 u. GBP 1150191.

USP 3441546 Zus. z. Pat. m. A.-Z.: 304634. A. 26. 8. 63. Polymerisationskatalysator. Erf.: *Harold K. Garner* u. *Dometreos N. Matthews*. Inh.: Uniroyal Inc. A. 19. 3. 65, B. 29. 4. 69. Kl.: 260-80, 7, Int. Kl.: C 08 f 61/56, 1/42 u. B 01 j 11/84. 11 Anspr. A.-Z.: 440307. A.-Z.: 304634 entspr. FrP 1413962 u. GBP 1081695. A.-Z.: 441307 entspr. FrP 1471539 u. GBP 1132023.

USP 3448073. Vinylpolymerisationsverfahren. Erf.: *Robert J. McManimie.* Inh.: Monsanto Co., St. Louis, Mo. A. 17. 2. 66, B. 3. 6. 69. Kl.: 260-41, Int. Kl.: C 08 f 1/62, 3/68, 15/40. 12 Anspr. A.-Z.: 528089. Entspr. FrP 1511921.

DOS 1420236. Verfahren zur Reinigung von Niederdruck-Polyolefinen. Erf.: *Karl Schmitt, Ermbrecht Rindtorff* u. *Günther Keller †.* Anm.: Hibernia AG, 4690 Herne. A. 18. 3. 59, O. 30. 1. 69. Kl.: 39 b 4, 1/97. A.-Z.: P 1420236 (B 52524). Entspr. USP 3208954.

ČSP 132291. Verfahren zur Herstellung von Polymeren durch Photoinitiierung. Erf.: *Drahoslav Lim* u. *Miroslav Bleha.* A. 8. 3. 66, B. 15. 11. 68. Kl.: 39 b 4, 3/00, Int. Kl.: C 08 f. A.-Z.: 1551/66.

OeP 275139. Verfahren zur Polymerisation bzw. Copolymerisation von Olefinen. Inh.: Solvay & Cie., Brüssel. A. 22. 2. 67, B. 15. 1. 69. Kl.: 39 b, 12. A.-Z.: 1757/67. Prior.: 23. 5. 66 u. 23. 2. 66 (Be).

FrP 1568939. Verfahren und Vorrichtung zur Herstellung von Polymeren oder Copolymeren des Äthylens. Inh.: Stamicarbon N. V. A. 27. 2. 68, B. 30. 5. 69. Int. Kl.: C 08 f. A.-Z.: 141412. Prior.: 1. 3. 67 (Nd; A.-Z.: 6703398).

OeP 275146. Verfahren zum Konzentrieren einer wässerigen Polytetrafluoräthylendispersion. Erf.: *Mario Ragazzini, Alberto Caimi, Donato Carcano* u. *Giovanni Groppelli.* Inh.: Montecatini Edison S. p. A., Mailand. A. 3. 5. 67, B. 15. 1. 69. Kl.: 39 b, 14. A.-Z.: 4153/67. Prior.: 4. 5. 66 (It).

DDP 67247. Verfahren zur Herstellung von Acrylnitrilpfropfpolymerisaten. Erf.: *Carlhans Süling, Karl-Erwin Schnalke* u. *Dieter Kramer.* Inh.: Farbenfabriken Bayer AG, Leverkusen (DB). A. 5. 3. 68, B. 5. 6. 69. Kl.: 39 b 4, 3/76. A.-Z.: AP 39 c/130660.

DOS 1520313. Kristalline Copolymere aus Äthylen und Butadien und Verfahren zu ihrer Herstellung. Erf.: *Giulio Natta, Adolfo Zambelli* u. *Italo Pasquon.* Anm.: Montecatini Soc. Gen. per l'Industria Mineraria e Chimica, Mailand (It). A. 9. 7. 63, 0. 6. 2. 69. Kl.: 39 b 4, 15/04 (39 b 4, 37/00, 39 b 3, 1/14, 39 b 3, 3/04). A.-Z.: P 1520313 (M 57435). Prior.: 12. 7. 62 (It; A.-Z.: 13949). Entspr. FrP 1361801 u. GBP 1010790.

DOS 1520289 Zus. z. Pat. 1520219. Verfahren zur Herstellung von hochmolekularen linearen Polymerprodukten. Erf.: *Giulio Natta, Gino Dall-Asta, Giorgio Mazzanti, Italo Pasquon, Alberto Valvassori* u. *Adolfo Zambelli.* Anm.: Montecatini Soc. Gen. per l'Industria Mineraria e Chimica, Mailand (It). A. 5. 3. 63, O. 13. 2. 69. Kl.: 39 b 4, 15/40. A.-Z.: P 1520289 (M 55992). Prior.: 8. 3. 62 (It; A.-Z.: 4451). Entspr. FrP 83148 u. GBP 967788.

DOS 1520259. Neue kristalline Copolymere und Verfahren zu ihrer Herstellung. Erf.: *Guilio Natta, Gino Dall'Asta, Giorgio Mazzanti, Italo Pasquon, Alberto Valvassori* u. *Adolfo Zambelli.* Anm.: Montecatini Soc. Gen. per l'Industria Mineraria e Chimica, Mailand (It). A. 5. 7. 62, O. 6. 2. 69. Kl.: 39 b 4, 17/00 (39 b 4, 30/00). A.-Z.: P 1520259 (M 53450). Prior.: 8. 7. 61 (It; A.-Z.: 12511). Entspr. SzP 431993 u. USP 3385840.

DOS 1520315. Copolymere und Verfahren zu ihrer Herstellung. Erf.: *Giulio Natta, Giorgio Mazzanti, Alberto Valvassori, Guido Sartori* u. *Vittorio Turba.* Anm.: Montecatini Soc. Gen. per l'Industria Mineraria e Chimica, Mailand (It). A. 11. 7. 63, O. 13. 2. 69. Kl.: 39 b 4, 17/00 (39 b 4, 39/00). A.-Z.: P 1520315 (M 57450). Prior.: 13. 7. 62 (It; A.-Z.: 14103). Entspr. USP 3301833.

GBP 1152834. Polymere für färbbare Acrylnitrilfaserstoffe. Inh.: Monsanto Co. A. 4. 5. 66, B. 21. 5. 69. Kl.: C 3. P, Int. Kl.: C 08 f 19/00. A.-Z.: 19733/66. Prior.: 4. 5. 65 (It; A.-Z.: 10028). Entspr. FrP 1478296.

DOS 1495110. Verfahren zur Block-Copolymerisation von Olefinen mit Acetylenen. Erf.: *Joachim Stedefeder* u. *Heinz Weber.* Anm.: Badische Anilin- & Soda-Fabrik AG, 6700 Ludwigshafen. A. 2. 10. 62, O. 30. 1. 69. Kl.: 39 b 4, 23/00 (39 b 4, 27/06, 27/08, 27/24). A.-Z: P 1495110 (B 69048). Entspr. FrP 1376786 u. GBP 1054764.

GBP 1152727. Halogenierung von Vinylchloridpolymeren und/oder -copolymeren. Inh.: Soc. Edison. A. 20. 7. 66, B. 21. 5. 69. Kl.: C 3. P, Int. Kl.: C 08 f 27/02. A.-Z.: 32683/66. Prior.: 21. 7. 65 u. 22. 3. 66 (It; A.-Z.: 16482 u. 6479). Entspr. FrP 1515877.

JaP 8733/69. Wenig gequollener PVA. Inh.: Kurashiki Rayon Co. Ltd. A. 30. 1. 65, B. 23. 4. 69. A.-Z.: 5224/65. Entspr. FrP 1465294.

JaP 6057/69. Stabilisierte Polyolefinkomposition. Inh.: Mitsubishi Rayon Co. Ltd. A. 2. 5. 66, B. 14. 3. 69. A.-Z.: 27808/66.

JaP 6062/69. Stabilisieren von Polyolefinen. Inh.: Mitsubishi Rayon K. K. A. 6. 5. 66, B. 14. 3. 69. A.-Z.: 28551/66.

DOS 1494058. Verfahren zur Behandlung von Vinylchloridpolymerisaten, Erf.: *Julius Peter* u. *Bruno Zorn.* Anm.: Farbenfabriken Bayer AG. 5090 Leverkusen. A. 22. 12. 62, O. 30. 1. 69. Kl.: 39 b 4, 29/24 (81, 4, 39 b 4, 45/72). Kl.: 39 b 1494058 (F 38636). Entspr. FrP 1377801 u. GBP 1011498.

USP 3440212 Zus. z. Pat. m. A.-Z.: 508850. A. 19. 11. 65; u. Pat. m. A.-Z.: 193590. A. 9. 5. 62. Poly-α-olefinkompositionen mit verbesserter Stabilität. Erf.: *Clarence E. Tholstrup.* Inh.: Eastman Kodak Co., Rochester, N. Y. A. 30. 8. 66, B. 22. 4. 69. Kl.: 260-45, 6, Int. Kl.: C 08 f 45/58. 10 Anspr. A.-Z.: 576159. A.-Z.: 193590 entspr. DAS 1266968, FrP 83575 u. GBP 1041016.

USP 3438935. Stabilisierte Polyolefinkompositionen. Erf.: *Kurt W. Leu.* Inh.: Shell Oil Co., New York, N. Y. A. 27. 12. 63, B. 15. 4. 69. Kl.: 260-45, 85, Int. Kl.: C 08 f 45/60, 3/08. 3 Anspr. A.-Z.: 334003. Prior.: 31. 1. 63 (Nd; A.-Z.: 288392). Entspr. DAS 1226785, FrP 1377097 u. GBP 995484.

Klasse 39 b 5. Polykondensations- und Polyadditionsprodukte

GBP 1155165. Verfahren zur Polymerisation von Aldehyden. Inh.: International Lead Zinc Research Organization, Inc. A. 11. 3. 68, B. 18. 6. 69. Kl.: C 3. P, Int. Kl.: C 08 g 1/00. A.-Z: 11776/68. Prior.: 14. 3. 67 (Nd; A.-Z.: 6703805). Entspr. FrP 1559300.

DOS 1420430 Zus. z. Anm. 1420426. Verfahren zur Herstellung von hochmolekularen Polyacetalen. Erf.: *Claus Weißermel, Claus Küllmar †* u. *Edgar Fischer.* Anm.: Farbwerke Hoechst AG vorm. Meister Lucius & Brüning, 6230 Frankfurt-Hoechst. A. 27. 1. 59, O. 6. 2. 69. Kl.: 39 b 5, 1/04. A.-Z.: P 1420430 (F 27580). Entspr. USP 3316217.

USP 3448083. Verfahren zur Herstellung von hochmolekularen Acetaldehyd/Formaldehyd-Polymeren. Erf.: *Giulio Natta, Paolo Chini, Giorgio Mazzanti* u. *Amelia Brizi.* Inh.: Montecatini Edison S. p. A., Mailand (It). A. 21. 11. 60, B. 3. 6. 69. Kl.: 260-67, Int. Kl.: C 08 g 1/10. 11 Anspr. A.-Z.: 70620. Prior.: 24. 11. 59 (It; A.-Z.: 19565/59). Entspr. SzP 429180 u. GBP 947073.

USP 3437640 Zus. z. Pat. m. A.-Z.: 124021. A. 14. 7. 61. Verfahren zur Herstellung eines modifizierten Polyoxymethylens. Erf.: *Carl Earle Schweitzer* u. *Robert Alton Setterquist.* Inh.: E. I. du Pont de Nemours and Co., Wilmington, Del. A. 24. 3. 65, B. 8. 4. 69. Kl.: 260-67, Int. Kl.: C 08 g 1/22, 1/20, 1/14. 11 Anspr. A.-Z.: 442545. Entspr. FrP 91311 u. GBP 1103730.

SUP 243945 (Urheberschein). Gerät zur Messung der Abmessungen von Erzeugnissen. Erf.: *D. L. Fedjukin, Ju. Z. Palkina, I. I. Kozlov, S. G. Jakušev, M. P. Pinčuk, A. V. Novalinskij* u. *Ž. S. Suzdal'nickaja.* Anm.: Naučno-issledovatel'skij institut rezinovych i lateksnych izdelij. A. 19. 10. 66, B. 14. 5. 69. Kl.: 42 k, 51, Int. Kl.: G 01 l. A.-Z.: 1108409/23-5.

USP 3444141 Zus. z. Pat. m. A.-Z.: 374266. A. 11. 6. 64. Zusatz von Phenolcarbonat-Derivaten bei der Polyesterkondensation. Erf.: *Takeo Shima.* Inh.: Teijin Ltd., Osaka (Ja). A. 20. 3. 67, B. 13. 5. 69. Kl.: 260-75, Int. Kl.: 3 08 g 17/003, 17/00. 8 Anspr. A.-Z.: 624179. Prior.: 19. 6. 63 (Ja; A.-Z.: 38/30925). Entspr. FrP 1401635 u.GBP 1074204.

DOS 1495302. Verfahren zur Herstellung von linearen, thermoplastischen Mischpolyestern. Erf.: *Franz Blaschke* u. *Werner Ludwig.* Anm.: Chemische Werke Witten GmbH, Witten. A. 18. 5. 63, O. 27. 2. 69. Kl.: 39 b 5, 17/06. A.-Z.: P 1495302 (C 29974). Entspr. SzP 446724, FrP 1392412 u. GBP 1018108.

DOS 1495344 Zus. z. Anm. 1745695. Verfahren zur Herstellung von linearen, thermoplastischen Mischpolyestern mit Erweichungspunkten über 100 °C. Erf.: *Franz Blaschke* u. *Gerhard Schade.* Anm.: Chemische Werke Witten GmbH, Witten. A. 17. 1. 64, O. 27. 2. 69. Kl.: 39 b 5, 17/06. A.-Z.: P 1495344 (C 31908). Entspr. DDP 63169, FrP 87145, GBP 1078812 u. USP 3413379.

USP 3438944. Antimonoxalat als Polykondensationskatalysator. Erf.: *Mary J. Stewart* u. *John A. Price.* Inh.: FMC Corp., Philadelphia, Pa. A. 7. 11. 66, B. 15. 4. 69. Kl.: 260–75, Int. Kl.: C 08 g 17/015. 4 Anspr. A.-Z.: 592252. Entspr. FrP 1542225 u. GBP 1153935.

JaP 2999/69. Elastomere Polymere vom Carbonattyp. Inh.: Asahi Chem. Ind. Co., Ltd. A. 27. 5. 66, B. 7. 2. 69.

USP 3446766 Zus. z. Pat. m. A.-Z.: 410279. A. 10. 11. 64. Behandlung von linearem Polyester mit Kupfersalz und Alkalimetalljodid. Erf.: *Robert Edward Taylor.* Inh.: E. I. du Pont de Nemours and Co., Wilmington, Del. A. 7. 8. 67, B. 27. 5. 69. Kl. 260-22, Int. Kl.: C 08 g 17/14 u. B 29 g 3/00. 7 Anspr. A.-Z.: 658611. A.-Z.: 410279 entspr. FrP 1454719 u. GBP 1048068.

DOS 1495119. Verfahren zum Herstellen von Polyamiden. Erf.: *Gerhard Illing, Hermann Linge* u. *Werner Hörauf.* Anm.: Badische Anilin- & Soda-Fabrik AG, 6700 Ludwigshafen. A. 14. 11. 62, O. 30. 1. 69. Kl.: 39 b 5, 20/00. A.-Z.: P 1495119 (B 69630). Entspr. SzP 445120 u. GBP 1023216.

JaP 8238/69. Polyamid. Inh.: Toyo Rayon Co. Ltd. A. 18. 11. 65, B. 17. 4. 69. A.-Z.: 70518/65.

DOS 1495149. Verfahren zum Herstellen von Polylaurinlactam. Erf.: *Joachim Kunde, Hans Wilhelm, Horst Metzger* u. *Helmut Dörfel.* Anm.: Badische Anilin- & Soda-Fabrik AG, 6700 Ludwigshafen. A. 26. 10. 63, O. 6. 2. 69. Kl.: 39 b 5, 20/10, A.-Z.: P 1495149 (B 74026). Entspr. SzP 445121, FrP 1413397, GBP 1077310 u. USP 3317482.

PoP 57472. Verfahren zur Vorpolymerisation von Caprolactam. Erf.: *Wiktor Albrecht.* Inh.: Zakłady Włokien Sztucznych „Stilon", Gorzów Wielkopolski (Po.) A. 7. 11. 66. Kl.: 39 c, 10 Wi.

USP 3448085. Anionische Polymerisation von Lactamen mit symmetrischem Triazin als Cokatalysator. Erf.: *Edward W. Pietrusza* u. *Rudolph Pinter* u. *Jack R. Pedersen.* Inh.: Allied Chemical Corp., New York, N. Y. A. 20. 10. 61, B. 3. 6. 69. Kl.: 260-78, Int. Kl.: C 08 g 20/12. 9 Anspr. A.-Z.: 146449. Entspr. DOS 1495017, SzP 438726 u. GBP 1022752.

USP 3444142. Anionische Polymerisation von Lactamen mit (p-substituiertem Phenolthio)s-triazin als Beschleuniger. Erf.: *John M. Kolyer* u. *Albert A. Kveglis.* Inh.: Allied Chemical Corp. A. 19. 5. 65, B. 13. 5. 69. Kl.: 260-78, Int. Kl.: C 08 g 20/18. 9 Anspr. A.-Z.: 457173. Entspr. FrP 89246 u. GBP 1115985.

USP 3442869. Verfahren zur Herstellung von Mischpolyamiden in feinkörniger Form. Erf.: *Wolfgang Wolfes* u. *Gustav Renckhoff.* Inh.: Chemische Werke Witten GmbH, Witten/Ruhr (DB). A. 3. 1. 66, B. 6. 5. 69. Kl.: 260-78, Int. Kl.: C 08 g 20/20, 20/30. 15 Anspr. A.-Z.: 517958. Prior.: 23. 1. 65 (DB; A.-Z.: C 34 936). Entspr. DDP 48687, SzP 448523, FrP 1465867 u. GBP 1049986.

JaP 7950/69. Verhinderung von Verfärbung bei Polyamiden. Inh.: Toyo Rayon Co., Ltd. A. 29. 3. 65, B. 14. 4. 69. A.-Z.: 17755/65.

PoP 57646. Verfahren zur Erzeugung von Amidourethanharzen. Erf.: *Jerzy Rejdych,* Inh.: Instytut Tworzyw Sztucznych, Warszawa (Po). A. 29. 3. 67.

DOS 1495264. Verfahren zur Herstellung von Kunstharzen auf Grundlage von löslichen, linearen Polyätheracetalen. Erf.: *Rolf Zimmermann.* Anm.: Chemische Werke Albert, 6202 Wiesbaden-Biebrich. A. 10. 11. 62, O. 13. 2. 69. Kl.: 39 b 5, 23/00. A.-Z.: P 1495264 (C 28377). Entspr. FrP 1384676 u. GBP 1000329.

PoP 57468. Verfahren zur Erzeugung ungesättigter Polyätheresterharze. Erf.: *Piotr Pencyk* u. *Agata Nazieblo.* Inh.: Instytut Tworzyw Sztucznych, Warszawa (Po). A. 20. 8. 65. Kl.: 39 c, 16.

USP 3441575 Zus. z. Pat. m. A.-Z.: 276192. A. 29. 4. 63. Ein Heteroatom enthaltende Ester von Di-(niedere)alkylhydroxyphenylalkansäure. Erf.: *Martin Dexter, John D. Spivack* u. *David N. Steinberg.* Inh.: Geigy Chemical Corp., Greenburgh, N. Y. A. 24. 3. 64, B. 29. 4. 69. Kl.: 260-399, Int. Kl.: C 08 g 23/22, 25/00. 15 Anspr. A.-Z.: 354464. Entspr. FrP 1391479 u. GBP 1001098.

DOS 1444077. Organosiliciummassen zum Wasserabstoßendmachen von natürlichem und synthetischem Fasermaterial. Erf.: *James Alastair Chrichton Watt.* Anm.: Imperial Chemical Industries Ltd., London. A. 18. 2. 63, O. 6. 2. 69. Kl.: 39 b 5, 31/24 (8 k, 3). A.-Z.: P 1444077 (I 23195). Prior.: 19. 2. 62 (GB; A.-Z.: 6294, GBP 977479).

JaP 2581/69. Behandlungsmittel für Polyester. Inh.: Teijin Ltd. A. 28. 10. 65, B. 3. 2. 69.

OeP 275159. Formmassen aus durch Polykondensation von cyclischen Estern von Hydroxycarbonsäuren erhaltenen linearen Polyestern und Lichtstabilisatoren. Inh.: Shell Internationale Research Maatschappij N. V., Den Haag. A. 27. 4. 67, B. 15. 1. 69. Kl.: 39 b, 22. A.-Z.: 3997/67. Prior.: 29. 4. 66 (Nd).

USP 3440211 Zus. z. Pat. m. A.-Z.: 568150. A. 27. 7. 66. Feuerhemmende Polyamidkomposition. Erf.: *Richard R. Lunt jr.* Inh.: E. I. du Pont de Nemours and Co., Wilmington, Del. A. 5. 4. 68, B. 22. 4. 69. Kl.: 260-45, 7, Int. Kl.: C 08 g 41/02 u. C 09 k 3/28. 5 Anspr. A.-Z.: 719270. Entspr. GBP 1133050.

Klasse 39 b 7. Allgemeine Herstellungs- und Verarbeitungsverfahren

ČSP 132444. Vorrichtung zur Einspeisung von Beimischungen zu Schmelzen von synthetischen Polymeren. Erf.: *Pavol Hrivnák, Koloman Ondrejmiška, Ján Koreň* u. *Amadeus Pechár*. A. 7. 8. 67, B. 15. 11. 68. Kl.: 39 b, 7, Int. Kl.: C 08 f. A.-Z.: 5664/67.

Klasse 42 k, 50. Textilprüfung, Verfahren, Vorrichtungen und Maschinen zum Prüfen von Fasern, Fäden, Garnen, Geweben auf ihre mechanischen und Festigkeitseigenschaften, auf Spannungen, mechanische Unregelmäßigkeiten, Drall (Drehung), Porosität

SUP 243940 (Urheberschein). Gerät zur Bestimmung der Dampfdurchlässigkeit von Geweben. Erf.: *S. S. Palladov, T. G. Nasirov* u. *Z. G. Nasirova*. A. 28. 9. 67, B. 14. 5. 69. Kl.: 42 k, 50, Int. Kl.: G 01 n. A.-Z.: 1187162/26-12.

SUP 243941 (Urheberschein). Reißprüfgerät für Fäden. Erf.: *V. B. Stroenov* u. *A. A. Rogovina*. A. 31. 3. 67, B. 14. 5. 69. Kl.: 42 k, 50, Int. Kl.: G 01 n. A.-Z.: 1144610/28-12.

SUP 245443 (Urheberschein). Gerät zur Bestimmung der Flusenanzahl an der Fadenoberfläche. Erf.: *F. M. Rozanov, V. N. Legotin*. Anm.: Moskovskij tekstilnyj Institut. A. 5. 2. 68, B. 4. 6. 69. Kl.: 42 k, 50, Int. Kl.: G 01 n. A.-Z.: 1214335/28-12.

USP 3438188. Vorrichtung zum Erkennen von Fadendefekten. Erf.: *Beryl A. Boggs*. Inh.: Allied Chemical Corp., New York, N. Y. A. 11. 10. 66, B. 15. 4. 69. Kl.: 57-81, Int. Kl.: D 01 h 13/16. 10 Anspr. A.-Z.: 585912.

USP 3447213. Verfahren und Vorrichtung zum Erkennen von Unregelmäßigkeiten in einer sich fortbewegenden Fadenbahn. Erf.: *Sieme Dost* u. *Michiel J. Duncker*. Inh.: American Enka Corp., Enka, N. C. A. 8. 1. 68, B. 3. 6. 69. Kl.: 28-51, Int. Kl.: D 02 h 13/08 u. D 03 d 45/10, 51/28. 11 Anspr. A.-Z.: 696242. Prior.: 11. 1. 67 (Nd; A.-Z.: 6700367).

Klasse 47 k. Allgemein anwendbare Verfahren und Vorrichtungen zum Bewegen, Führen und Speichern, z. B. Wickeln von faden-, draht-, seil-, kabel-, schlauch-, band-, oder bahnförmigem Gut (teilweise)

DAS 1281767. Selbsttäiig arbeitende Wickelmaschine mit einem axial wirkenden Steuernocken. Erf.: *Giuseppe Camardella*. Anm.: Camardella, Giuseppe, Mailand (It). A. 2. 10. 65, B. 31. 10. 68. Kl.: 47 k, 5/02. A.-Z.: P 1281767 (C 37035). Prior.: 3. 10. 64 (It; A.-Z.: 21341).

Klasse 55 b. Verfahren zur Herstellung von Zellstoff, Zellstoffkocher, Wiedergewinnung der Ablauge und Abgase

SUP 245546 (Urheberschein). Verfahren zur Behandlung der Baumwollfaser vor der Kochung zu Cellulose. Erf.: *L. E. Akim, M. A. Verner* u. *N. A. Rusina*. Anm.: Leningradskij technologičeskij Institut celljulozno-bumažnoj Promyšlennosti. A. 24. 7. 67, B. 4. 6. 69. Kl.: 55 b, 1/01, Int. Kl.: D 21 c. A.-Z.: 1176101/29-33.

USP 3446699 Zus z. Pat. m. A.-Z.: 354124. A. 31. 3. 64. Verfahren zur Herstellung von Zellstoffen aus Lignocellulose enthaltenden Materialien. Erf.: *Arne Johan Arthur Asplund* u. *Rolf Bertil Reinhall*. Inh.: Defibrator AB, Stockholm (Sv). A. 1. 2. 68, B. 27. 5. 69. Kl.: 162-19, Int. Kl.: D 21 c 3/26, 3/12. 2 Anspr. A.-Z.: 702483. Prior.: 3. 4. 63 (Sv; A.-Z.: 3682/63). A.-Z.: 3682/63 entspr. DAS 1252031 u. SzP 423451.

USP 3448002. Aufschlußverfahren. Erf.: *John R. G. Bryce* u. *Theodor N. Kleinert*. Inh.: Domtar Ltd., Montreal, Quebec; u. Pulp & Paper Research Institut of Canada, Pointe Claire, Quebec (Ca). A. 14. 6. 65, B. 3. 6. 69. Kl.: 162-19, Int. Kl.: D 21 c 3/24, 3/02. 1 Anspr. A.-Z.: 463594. Prior.: 20. 6. 64 (Ca; A.-Z.: 905578). Entspr. SvP 310454.

USP 3448003. Reinigen von Holzschnitzelaufschlußapparaten unter Verwendung von Chelatbildnern während des Betriebs. Erf.: *Wayne R. Merriman*. Inh.: The Dow Chemical Co., Midland, Mich. A. 3. 1. 66, B. 3. 6. 69. Kl.: 162-38, Int. Kl.: D 21 c 7/00, 3/20. 11 Anspr. A.-Z.: 517983.

Literaturschau

Auszug aus Lieferung 23 und 24/1969 der Referatekartei „Faserstoffe und Textiltechnik", zusammengestellt von der Abteilung Wissenschaftliches Berichtswesen des Instituts für Faserstoff-Forschung der DAW, 153 Teltow-Seehof, Kantstr. 55

I. Wissenschaftliche Grundlagen

Zilio-Grandi, F., Sassu. , G. M., Callegaro, P.: Direkte Bestimmung des Restcaprolactams in Polyamid 6 mittels Gaschromatographie. Analytic. Chem. **41** (1969) 13, S. 1847–1849.

Allgemeines
(Untersuchungsmethoden u. a.)

Beyermann, K.: Grundlagen und Arbeitstechnik der Mikrophotometrie· Fortschr. chem. Forsch. **11** (1969) 3, S. 473–506.

Meyer zur Heyde, M., Wunder, S.: Infrarotspektroskopische Charakterisierung von Carbonsäuren durch ihre Trimethylsilylester. Fresenius' Z. analyt. Chemie **247** (1969) 1/2, S. 42–46.

Malissa, H., Jellinek, G.: Automation in und mit der analytischen Chemie. III. Zur Frage der Programmiersprachen und Symbolik. Fresenius' Z. analyt. Chemie **247** (1959) 1/2, S. 1–8.

Egli, R. A.: Neue Bestimmungsmethode für organisch gebundenes Jod, Brom und Chlor. Fresenius' Z. analyt. Chemie **247** (1969) 1/2, S. 39–41.

Physik und Chemie der Hochpolymeren

Schurz, J. (unter experimenteller Mitarbeit von *Uragg, H., Renger, J., Gruber, E., Schmidt, K. H.*: Viskositätsmessungen an gelhaltigen Celluloselösungen. Faserforsch. u. Textiltechnik **20** (1969) 10, S. 481–486.

Lederer, K., Schurz, J.: Anlaufmessungen in einem Rotationsviskosimeter. Umbau des Agfa-Physik-Gerätes zu einem Elastoviskosimeter. Kolloid-Z. u. Z. Polymere **233** (1969) 1/2, S. 878–885.

Solomon, O. F., Gottesman, B. S.: Betrachtungen zur Möglichkeit der [η] und K-Bestimmung durch „Einpunktmeßverfahren". Makromol. Chemie **127** (1969) S. 153–164. (engl.)

Bruce, C., Schwarz, W. H.: Rheologische Eigenschaften von ionischen und nichtionischen Polyacrylamidlösungen. J. Polymer Sci., A-2: Polymer Physics **7** (1969) 5, S. 909–927.

Thurston, G. B., Morrison, J. D.: Eigenwerte und Viskositätszahl von kurzen Gauß'schen Ketten. Polymer, London **10** (1969) 6, S. 421–438.

Ullman, R.: Viskositätszahl von „wurmartigen" Polymeren. J. chem. Physics **49** (1968) 12, S. 5486–5497.

Yamaguchi, K.: Die Beziehungen zwischen Viskositätszahl und relativer Molekülmasse von Polypropylen. Makromol. Chemie **128** (1969) S. 19–30. (engl.)

Joffe, Z., Rosner, T.: Rheologische Untersuchungen an konzentrierten wäßrigen Lösungen von Polyvinylalkohol. Faserforsch. u. Textiltechnik **20** (1969) 10, S. 472–480.

Kamide, K., Kataoka, A.: Theoretische Beziehungen zwischen den Parametern in der Kuhn/Mark-Houwink/Sakurada-Gleichung. Makromol. Chemie **128** (1969) S. 217–228. (engl.)

Berger, R.: Molekulargewichtsverteilungsfunktionen und ihre mathematische Behandlung. IV. Kubin-Verteilung. Plaste u. Kautschuk **16** (1969) 11, S. 822–824.

Tagami, Y., Cassasa, E. F.: Statistische Thermodynamik von Polymerlösungen. VII. Der Beitrag eines Dreifachkontaktes zur paarweisen Wechselwirkung von linearen Ketten mit unterschiedlicher relativer Molekülmasse. J. chem. Physics **50** (1969) 5, S. 2206–2213.

Krasilova, O. I., Pavlov, A. V., Kondrat'eva, L. V., Serenkov, V. I.: Verteilung der relativen Molekülmassen von einer Radiolyse unterworfenem, phosphorhaltige Zusätze enthaltendem Polymethylmethacrylat. Vysokomol. Soed. (Hochmol. Verbind.) Serie B: Kratkie Soobšč. (Kurzmitt.) **11** (1969) 9, S. 678–681.

Skwarski, T., Pryc, A., Buchenska, J., Mikołajczyk, W.: Bestimmung des Stabilitätsgrades der relativen Molekülmasse von Polyamid 6. Polimery, Warszawa **14** (1969) 9, S. 444–446.

Lundberg, J. L., Mooney, E. J., Rogers, C. E.: Diffusion und Löslichkeit von Methan in Polyisobutylen. J. Polymer Sci., A-2: Polymer Physics **7** (1969) 5, S. 947–962.

Ziegel, K. D., Frensdorff, H. K., Blair, D. E.: Messung des Transportes von Wasserstoffisotopen in Polyvinylfluoridfilmen durch ein Permeationsgeschwindigkeitsverfahren. J. Polymer Sci., A-2: Polymer Physics **7** (1969) 5, S. 809–819.

Zgaevskij, V. E., Mjaken'kaja, G. S.: Temperaturabhängigkeit der Orientierungsdoppelbrechung partiell kristalliner Polymerer. Mech. Polimerov, Riga (Mech. der Polymeren) **5** (1969) 4, S. 764. Depot-Artikel liegt vor im VINITI.

Lerner, N. R.: Elektronenspinresonanzspektren von orientiertem Polytetrafluoräthylen unter 20-ns-Elektronenpulsen. J. chem. Physics **50** (1969) 7, S. 2902–2910.

Koenig, J. L., Boerie, F. J.: Ramanstreuung und Bandenzuordnung bei Polytetrafluoräthylen. J. chem. Physics **50** (1969) 7, S. 2823–2829.

Klöpffer, W.: Übertragung der Elektronenanregungsenergie in Polyvinylcarbazol. J. chem. Physics **50** (1969) 6, S. 2337–2342.

Norberg, P. H.: Elektronenmikroskopische Untersuchungen der Morphologie der Fasern bei verschiedenen Aufschlußbedingungen. Svensk Papperstidn. **72** (1969) 18, S. 575–582.

Damaschun, G., Pürschel, H.-V., Sommer, G.: Bestimmung der Gestalt gelöster Makromoleküle aus Röntgen-Kleinwinkeldiagrammen mit Hilfe von Gleichungssystemen. Acta crystallogr., A: Crystal Physics, Diffraction, theor. general Crystallogr., Copenhagen A **25** (1969) 6, S. 708–710. (dt.)

Perepelkin, K. E.: Über die Beziehung zwischen der Molekülstruktur und einigen mechanischen Eigenschaften von orientierten Polymeren. Mech. Polimerov, Riga (Mech. der Polymeren) (1969) 4, S. 734–735.

Bohdanecký, M., Tuzar, Z.: Ungestörte Molekülabmessungen im Poly-ε-caprolactam. Coll. czechoslov. chem. Commun. **34** (1969) 9, S. 2589 bis 2597.

Evans, J. M., Huglin, M. B.: Ungestörte Abmessungen von Polytetrahydrofuran. Makromol. Chemie **127** (1969) S. 141–152. (engl.)

Paul, D. R.: Spinnorientierung während der Fadenbildung von Polyacrylnitrilfaserstoff durch Naßspinnen. J. appl. Polymer Sci. **13** (1969) 5, S. 817–826.

Das, B., Ray, A. K., Choudhury, P. K.: Ungestörte Abmessungen von Natriumcellulosexanthogenat. J. physic. Chem. **73** (1969) 10, S. 3413–3416.

Theil, M. H.: Die Wirkung der Ordnung innerhalb der Kette auf feste Lösungen von Copolymeren. Macromolecules, Washington **2** (1969) 4, S. 351–355.

Schonhorn, H., Luongo, J. P.: Faltenstruktur von Polyäthyleneinkristallen. Macromolecules, Washington **2** (1969) 4, S. 366–369.

Natta, G., Allegra, G., Bassi, I. W., Carlini, C., Montagnoli, G., Chiellini, E.: Isomorphieerscheinungen in isotaktischen 4-methyl-substituierten Poly-α-olefinen und in isotaktischen Polyalkylvinyläthern. Macromolecules, Washington **2** (1969) 4, S. 311–315.

Lawton, E. L., Cates, D. M.: Durch Flüssigkeit ausgelöste Kristallisation von Polyäthylenterephthalat. J. appl. Polymer Sci. **13** (1969) 5, S. 899 bis 909.

Eskin, V. E., Korotkina, O. Z.: Über die Natur des Temperaturfaktors des spezifischen Partialvolumens von Polymerketten. Vysokomol. Soed. (Hochmol. Verbind.) Serie B: Kratkie Soobšč. (Kurzmitt.) **11** (1969) 9, S. 645–649.

Balcerzyk, E., Kozlowski, W., Wlodarski, G.: Der Einfluß der Zonenstruktur einiger Fasern auf die Durchdringungs-Thermokinetik. Textile Res. J. **39** (1969) 9, S. 835–844.

Elias, H. G.: Struktur und Eigenschaften von synthetischen Polymeren. Teil II. Polimery, Warszawa **14** (1969) 8, S. 371–376.

Steiner, K., Engelbart, W., Asmussen, F., Ueberreiter, K.: Kristallisationskinetik von Polymeren. VI. Mitteilung: Der Einfluß der Kristallisationsbedingungen auf die Zugfestigkeit und Auflösungsgeschwindigkeit von Polyäthylensuccinat. Kolloid-Z. u. Z. Polymere **233** (1969) 1/2, S. 849 bis 856.

Kawai, T., Shiozaki, S., Sonoda, S., Nakagawa, H., Matsumoto, T., Maeda, H.: Kristallisation von Blockcopolymeren des Typs A-B-A von Polyäthylenoxid und Poly-α-methylstyrol aus verdünnten Lösungen. Makromol. Chemie **128** (1969) S. 252–262. (engl.)

Nikonorova, N. I., Bakeev, N. F., Fakirov, S. Ch., Kargin, V. A.: Einfluß der thermischen Vorgeschichte auf die Kristallisation von Polyäthylen aus der Lösung. Vysokomol. Soed. (Hochmol. Verbind.) Serie A **11** (1969) 10, S. 2197–2203.

Sirotkina, N. L., Gorškov, V. S.: Untersuchung der Kornstruktur von Suspensionspolyvinylchlorid mit Hilfe des Registrierelektronenmikroskops. Plast. Massy, Moskva (Plast. Massen) (1969) 10, S. 65–66.

Zaspinok, G. S., Žegalova, N. N., Vasil'ev, B. V., Tarakanov, O. G.: Struktur der Lösungen und der Kondensationsformen von Cellulosetriacetat. Vysokomol. Soed. (Hochmol. Verbind.) Serie A **11** (1969) 10, S. 2168 bis 2171.

Cozzens, R. F., Fox, R. B.: Intramolekulare Triplettenergieübertragungen in Poly-1-vinylnaphthalin. J. chem. Physics **50** (1969) 4, S. 1532–1535.

Nakajima, A., Hayashi, S., Taka, T.: Schmelzverhalten von Einkristallen des Poly-4-methyl-penten-1. Kolloid-Z. u. Z. Polymere **233** (1969) 1/2, S. 869–878.

Deutsche, C. W.: Optische Aktivität in Verbindung mit den Schwingungen in Helixpolymeren. Naturwiss. **56** (1969) 10, S. 495–498.

Zemljakov, I. P.: Experimentelle Bestimmung der Verschiebungsintensität einer neutralen Schicht bei Biegung von Polymerproben. Mech. Polimerov, Riga (Mech. der Polymeren) **5** (1969) 4, S. 747–749.

Rider, J. G., Hargreaves, E.: Fließgrenze von orientierten Polymeren. J. Polymer Sci., A-2: Polymer Physics **7** (1969) 5, S. 829–844.

Murray, J., Hull, D.: Bildung von Rißkeimen und Rißwachstum im Polystyrol. Polymer, London **10** (1969) 6, S. 451–465.

Mieras, H. J. M. A., van Rijn, C. F. H.: Elastisches Verhalten von niedermolekularen Polystyrolen. Nature, London **224** (1969) 5215, S. 165–166.

Fejgin, J., Bojarski, J., Sadowska, W., Tomaszewicz, M.: Charakterisierung von mit Polyäthylenoxid modifizierten Trioxan/Dioxolan-Copolymeren anhand der Messung des Fließindex binärer Gemische. Polimery, Warszawa **14** (1969) 8, S. 430–433.

Beranová, H., Dušek, K.: Quellung homogener und makroporöser Styrol/Divinylbenzol-Copolymerer. Wechselwirkung zwischen Copolymerem und Lösungsmittel und die Struktur der heterogenen Vernetzungsprodukte. Coll. czechoslov. chem. Commun. **34** (1969) 10, S. 2932–2941.

Podvolockaja, M. D., Bulyčev, V. I., Dubov, O. E., Gul', V. E.: Einfluß der UV-Strahlung auf die Haftfestigkeit von Lavsan-Polyäthylenfolien. Plast. Massy, Moskva (Plast. Massen) (1969) 10, S. 54–56.

Segal, L., Timpa, J. D.: Löslichkeit der Cellulose in Cadoxen und der Einfluß einer Alterung des Lösungsmittels auf die viskosimetrischen Daten. Svensk Papperstidn. **72** (1969) 20, S. 656–661.

Razumovskaja, I. V., Korabel'nikov, Ju. G., Bartenev, G. M., Panferov, K. V.: Dauerhaltbarkeit und Relaxationsvorgänge in festen Polymeren. Mech. Polimerov, Riga (Mech. der Polymeren) **5** (1969) 4, S. 628–635.

Ankudinova, R. K., Eršov, Ju. A.: Einfluß von Pigmenten auf die Eigenschaften von Polyäthylen bei der Lichtalterung. Plast. Massy, Moskva (Plast. Massen) (1969) 10, S. 56–57.

Sinclair, J. E., Edgemond, J. W.: Untersuchung des Kriechens bei Polyäthylen und Polypropylen. J. appl. Polymer Sci. **13** (1969) 5, S. 999 bis 1012.

Shyluk, W. P., Stow, F. S., jr.: Alterung und Flockenverlust von wäßrigen Polyacrylamidlösungen. J. appl. Polymer Sci. **13** (1969) 5, S. 1023–1036.

Jančařík, V., Kuniak, L.: Untersuchung der chemischen Accessibilität und Eigenschaften der Viskosefaserstoffe. Faserforsch. u. Textiltechnik **20** (1969) 10, S. 491–495.

Cirino, V. O., Bullock, A. L., Rowland, S. P.: Selektive Reaktivität und Accessibilität der Hydroxylgruppen in Baumwollcellulose auf der Grundlage von Gleichgewichtswerten aus einer reversiblen chemischen Reaktion. J. Polymer Sci., A-1: Polymer Chem. **7** (1969) 5, S. 1225–1235.

Klacel, Z., Bednařikova, B.: Bestimmung geringer Dimethylformamidmengen in wäßrigen Lösungen. Chem. Prüm., Praha (Chem. Ind.) **19(44)** (1969) 10, S. 470–471.

Zuman, P.: Polarographie in der organischen Chemie. Fortschr. chem. Forsch. **12** (1969) 1, S. 1–76. (engl.)

Heitz, W., Platt, K. L.: Gelchromatographie. 8. Mitt.: Vernetzte Copolymere des Vinylacetats. Makromol. Chemie **127** (1969) S. 113–140.

Nestler, H., Schneegaß, H., Mai, J.: Über Anwendungsmöglichkeiten der Gas-Chromatographie und der IR-Spektroskopie für die Kontrolle des Herstellungsprozesses von Polyacrylnitrilfaserstoffen. Faserforsch. u. Textiltechnik **20** (1969) 11, S. 539–548.

Carmichael, J. B.: Stochastisches Modell für die Gelchromatographie bei hohen Fließgeschwindigkeiten. J. chem. Physics **49** (1968) 11, S. 5161 bis 5162.

Rafikov, S. R., Džilkibaeva, G. M., Čelnokova, G. N., Šajachmedov, S., Žuravleva, I. V., Rodé, V. V.: Beständigkeit modifizierter Polystyrole bei der Thermooxydation. Izv. Akad. Nauk SSSR, Serija chim. (Nachr. Akad. Wiss. UdSSR, Chemie) (1969) 9, S. 2050–2051.

Nikitina, L. A., Suchov, V. A., Baturina, A. A., Lukovnikov, A. F.: Über die Besonderheiten der Hemmung der Oxydation von Polymethylenen. Vysokomol. Soed. (Hochmol. Verbind.) Serie A **11** (1969) 10, S. 2150 bis 2160.

Piklerová, A., Pašteka, M., Pikler, A.: Oxydation der Allylcellulose. Faserforsch. u. Textiltechnik **20** (1969) 11, S. 516–520.

Pocholok, T. V., Vichljaev, R. M., Karpuchin, O. N., Razumovskij, S. D.: Bildung freier Radikale bei Ozonisierung von Polymeren. Vysokomol. Soed. (Hochmol. Verbind.) Serie B: Kratkie Soobšč. (Kurzmitt.) **11** (1969) 9, S. 692–693.

Samuelson, O., Stolpe, L.: Abbau von Kohlenhydraten während der Sauerstoffbleiche. 1. Cellobiitol als Modellsubstanz. Svensk Papperstidn. **72** (1969) 20, S. 662–666.

Schonhorn, H., Luongo, J. P.: Einfluß von Füllstoffen auf die Stabilisierung von Polyäthylen gegen Photooxydation. Macromolecules, Washington **2** (1969) 4, S. 364–366.

Langbein, W.: Strahlungsinduzierte Reaktionen in Polytetrahydrofuran. Kolloid-Z. u. Z. Polymere **233** (1969) 1/2, S. 885–890.

Fejgin, J., Kosinska, W., Tomaszewicz, M., Dabrowska, E.: Einfluß der Modifizierung von Trioxan/Dioxolan-Copolymeren mit Polyäthylenoxid auf ihre thermische Beständigkeit an der Luft. Polimery, Warszawa **14** (1969) 8, S. 381–384.

Grimm, H., Heger, A.: Zur Kenntnis der Eigenschaftsänderungen von Viskosefasern nach Bestrahlung mit beschleunigten Elektronen und thermischer Nachbehandlung. Faserforsch. u. Textiltechnik **20** (1969) 10, S. 495–498.

Pouchlý, J., Šolc, K., Živný, A.: Spezifische Wechselwirkung in Polymerlösungen. II. Wirkung der Polymersolvatation auf die thermodynamischen Eigenschaften. Coll. czechoslov. chem. Commun. **34** (1969) 9, S. 2716 bis 2738. (engl.)

Takamizawa, K. I., Fukahori, Y., Urabe, Y.: Bemerkung zum Einfluß von Gammastrahlung auf das Schmelzverhalten von Polyäthyleneinkristallen. Makromol. Chemie **128** (1969) S. 236–241. (engl.)

Łaskawski, W., Skowronski, T.: Einfluß der physikalisch-chemischen Eigenschaften von Emulsionspolyvinylchlorid aus einheimischen Produktion auf die Formierung harter mikroporöser Folien nach dem Sinterverfahren und auf die Elution. Polimery, Warszawa **14** (1969) 8, S. 389–394.

Patel, J. R., Patel, C. K., Patel, K. C., Patel, R. D.: Anwendung der Ullman- und Eizner/Ptitsyn-Theorie auf Polyelektrolytlösungen. J. physic. Chem. **73** (1969) 10, S. 3224–3228.

Fomina, L. L., Soročišin, A. G.: Einfluß technologischer Parameter auf die Eigenschaften laminierter Lavsan/Polyäthylen-Folien. Plast. Massy, Moskva (Plast. Massen) (1969) 10, S. 31–33.

Physik und Chemie der Monomeren und Oligomeren

Friedrichsen, W.: Der neue BASF-Kontakt für die Herstellung von Phthalsäureanhydrid aus o-Xylol. Chemie-Ing.-Technik **41** (1969) 17, S. 967 bis 970.

Mörner, M.: Terephthalsäure und Dimethylterephthalat. Chem. Technik **21** (1969) 11, S. 728–729.

Ioseliani, E. G., Ručinskij, V. R., Čičagov, V. N., Merman, S. M.: Einfluß der Hydrierung in Gegenwart eines Nickelskelett-Katalysators auf den Gehalt an ungesättigten Mikrobeimischungen im ε-Caprolactam. Chim. Volokna (Chem. Fasern) (1969) 5, S. 5–6.

Manecke, G., Rotter, U.: Über das 3.4-Diamino-styrol. I. Makromol. Chemie **127** (1969) S. 264–270.

Kahovec, J., Pospisil, J.: Antioxydantien. XVII. Synthese von Äthyl-, Isopropyl-, tert. Dodecyl- und Phenylderivaten des 4.4'-Isopropylidenbisphenols. Coll. czechoslov. chem. Commun. **34** (1969) 9, S. 2843–2848. (engl.)

Brzeziński, J., Kornas-Cepiel, A.: Bestimmung der relativen Molekülmassen von Oligomeren mit Hilfe eines Swietoslawski-Ebulliometers. Polimery, Warszawa **14** (1969) 8, S. 403–405.

Polymerisation

Shelden, R., Fueno, T., Furukawa, J.: Statistische Modelle bei der Untersuchung der stereospezifischen Polymerisation. J. Polymer Sci., A-2: Polymer Physics **7** (1969) 5, S. 763–773.

Mileo, J.-C., Sillion, B., de Gaudemaris, G.: Aus Cyan-4-dimethyl-2.2-butyraldehyd erhaltene Monomere und Polymere. IV. Aus Diamino-1.5-dimethyl-2.2-pentan erhaltene Polyharnstoffe. Makromol. Chemie **127** (1969) S. 296–300.

Giusti, P., Fiorentino, U., Turchi, G., Andruzzi, F., Magagnini, P. L.: Kationische Polymerisation von exo-2-Methyl-7-oxabicyclo-2.2.1-heptan: Das Katalysatorsystem $FeCl_3/SOCl_2$. Makromol. Chemie **128** (1969) S. 1 bis 18. (engl.)

Hilal, M., Abou el Naga, H.: Zur Herstellung von Niederdruckpolyäthylen mit homogenen Ziegler-Katalysatoren. Plaste u. Kautschuk **16** (1969) 11, S. 819–822.

Nakabayashi, N., Cassidy, H. G.: Elektronenübertragungs-Polymere. XL. Redox-Polyamide. J. Polymer Sci., A-1: Polymer Chem. **7** (1969) 5, S. 1275–1278.

Reinisch, G.; Gohlke, U.: Zur analytischen Laborpolymerisation von Caprolactam. Faserforsch. u. Textiltechnik **20** (1969) 10, S. 463–466. 7. Mitt. über „Analytik von Polycaprolactam".

Masař, B., Šebenda, J.: Alkalische Polymerisation von 6-Caprolactam. XXXVI. Bildung von Carbonat und seine Beteiligung an der Bildung von Kohlendioxid, Wasser und Endgruppen. Coll. czechoslov. chem. Commun. **34** (1969) 9, S. 2598–2610. (engl.)

Luisi, P. L., Mazo, R. M.: Statistisches Modell für die stereospezifische Polymerisation von Vinylmonomeren. J. Polymer Sci., A-2: Polymer Physics **7** (1969) 5, S. 775–782.

Nikitina, S. G., Rozenberg, M. É., Ljubeckij, S. G.: Untersuchung der Pfropfung von Vinylacetat auf hydroxylgruppenhaltige Polymere. Vysokomol. Soed. (Hochmol. Verbind.) Serie B: Kratkie Soobšč. (Kurzmitt.) **11** (1969) 9, S. 685–688.

Mørk, P. C., Ugelstad, J.: Über die durch Persulfat/Bisulfit/Cu(II) ausgelöste Emulsionspolymerisation von Polyvinylchlorid. Kinetik und Mechanismus in Gegenwart eines Komplexbildners. Makromol. Chemie **128** (1969) S. 83–101. (engl.)

Michel, A., Galin, M., Guyot, A.: Mechanisch-chemisches Pfropfen auf Polyvinylchlorid. II. Untersuchung der Propfcopolymerisate. J. appl. Polymer Sci. **13** (1969) 5, S. 929–943. (franz.)

Chalk, A. J., Hoogeboom, T. J.: Pfropfpolymerisation von Styrol auf mit Lithium behandelten Poly(2.6-dimethyl-1,4-phenyläther). J. Polymer Sci., A-1: Polymer Chem. **7** (1969) 5, S. 1359–1369.

Scott, G. P., Foster, F. J.: Telomerisation durch Kettenübertragung durch das freie Mercaptanradikal. III. Übertragungskonstanten und Stereospezifität im System Methylacrylat/Äthanthiol. Macromolecules, Washington **2** (1969) 4, S. 428–431.

Maiti, S., Saha, M. K., Palit, S. R.: Farbstoffsensibilisierte photochemische Polymerisation von Methylmethacrylat in nichtwäßrigen Medien. Makromol. Chemie **127** (1969) S. 224–239. (engl.)

Kar, I., Mandal, B. M., Palit, S. R.: Verzögerung der Freiradikalpolymerisation durch Redoxfarbstoffe. Einfluß von 2.6-Dichlorphenolin-diphenol bei der Polymerisation von Methylmethacrylate und Styrol. Makromol. Chemie **127** (1969) S. 195–203. (engl.)

Červenka, A., Kratochíl, P.: Lichtstreuung. XX. Kontinuierliches Verfolgen der Polymerisation von Methylmethacrylat mittels Lichtstreuung. Coll. czechoslov. chem. Commun. **34** (1969) 9, S. 2568–2580. (engl.)

Berger, W., Dohrn, W., Hartig, S., Peters, W., Rudolf, H.: Herstellung und Eigenschaften chlormodifizierter Acrylfasern. 1. Mitt.: Modacrylfasern auf Basis binärer Acrylnitril/Vinylchlorid-Copolymerisate. Faserforsch. u. Textiltechnik **20** (1969) 10, S. 467–472.

Cubbon, R. C. P., Smith, J. D. B.: Eigenschaften von kernbromierten Styrolen. I. Synthese und Polymerisation von Dibrom- und Tribromstyrol. II. Copolymerisation von Dibromstyrol und 2.4.5-Tri-Bromstyrol mit Styrol. Polymer, London **10** (1969) 7, S. 489–493; 479–487.

Brown, W. G.: Mechanismus der thermischen Initiierung bei der Styrolpolymerisation. Makromol. Chemie **128** (1969) S. 130–136. (engl.)

Braun, D., Quesada, L., Francisco-José, Neumann, W.: Polyradikalanionen und Polydianionen aus Copolymeren mit p-vinyl-trans-stilben-Grundbausteinen. Makromol. Chemie **127** (1969) S. 253–263.
Minoura, Y., Mitoh, M.: Copolymerisation von cyclischen Äthern mit Vinylverbindungen. V. Reaktion von Polyäthern bei der kationischen Polymerisation von Styrol. Makromol. Chemie **128** (1969) S. 41–51. (engl.)
Džavadjan, E. A., Rozenberg, B. A., Enikolopjan, N. S.: Kinetik und Mechanismus der kationischen Polymerisation von cyclischen Äthern in Gegenwart von Polyestern als Zusätze. Vysokomol. Soed. (Hochmol. Verbind.) Serie A **11** (1969) 10, S. 2330–2336.
Ishimori, M., Hsiue, G., Tsuruta, T.: Untersuchungen an metallorganischen Verbindungen als Polymerisationskatalysatoren. V. Mechanismus der durch Zinkdialkoxid ausgelösten Polymerisation von Propylenoxid. Makromol. Chemie **128** (1969) S. 52–62. (engl.)

Sonderfragen

McDowell, W., Weingarten, R., Hoffmann, K.: Einige thermodynamische und kinetische Betrachtungen über das Färben von Polyesterfasern mit Dispersionsfarbstoffen. III. Melliand Textilber. **50** (1969) 11, S. 1340 bis 1344.
Nishida, K., Akimoto, T., Uedaira, H.: Wechselwirkung von Farbstoffen und Polysacchariden. Kolloid-Z. u. Z. Polymere **233** (1969) 1/2, S. 896 bis 898.
Backmann, R.: Theoretische Betrachtungen zur Gewebebildung. Faserforsch. u. Textiltechnik **20** (1969) 11, S. 511–515.

II. Faserstoffe. Ausgangsstoffe usw.

Koch, P.-A.: Faserstoffe (Natur- und Chemiefasern). Bekleid. u. Wäsche **21** (1969) 21, S. 1679–1684.

Naturfaserstoffe

Pflanzliche Faserstoffe

Chadžinova, M. A., Karimov, Ch. A., Terpugova, A. P.: Einfluß der Art der Faserreinigung auf die Faserqualität. Tekstil. Prom. Moskva (Textil-Ind.) **29** (1969) 8, S. 27–29.

Tierische Faserstoffe

Schiecke, H. E.: Neuere Entwicklungen auf dem Gebiet der Herstellung und Veredlung von Artikeln aus reiner Wolle. Melliand Textilber. **50** (1969) 11, S. 1353–1358.

Chemiefaserstoffe

Trávnicek, Z.: Futurologie der Faserstoffe. Textil-Praxis **24** (1969) 10, S. 632–634.

Cellulose und Zellstoff

Kleinert, Th. N.: Isotherme Delignifizierung im sauren Sulfit- und im Kraftaufschluß des Holzes. Papier **23** (1969) 10A, S. 659–663.
Wiessner, P.: Über den Effekt der Chlordioxid-Bleichstufe bei Zellstoffen aus Baumwoll-Linters. Zellstoff u. Papier **18** (1969) 10, S. 297–301.
Ant-Wuorinen, O., Visapää, A.: Heterogene Säurehydrolyse der Cellulose. Teil III. Der Einfluß von Quellmitteln auf die Hydrolysierbarkeit der Cellulose. Paperi ja Puu, Helsinki (Papier u. Holz) **51** (1969) 10, S. 737 bis 747.
Foslie, M.: Der Zusammenhang zwischen E-Modul und Biegefestigkeit bei Fichte (Picea abies). Norsk Skogind. **23** (1969) 9, S. 236–238.

Regeneratfaserstoffe

Treiber, E.: Zur Beurteilung der Eigenschaften von Viskoselösungen. Chem. Vlakna, Svit (Chem. Fasern) **19** (1969) 3/5, S. 74–79.
Papkov, S. P., Iovleva, M. M.: Zur Theorie des Erspinnens von Chemiefaserstoffen. Chim. Volokna (Chem. Fasern) (1969) 5, S. 17–20.
Lukanoff, T., Philipp, B., Loth, F.: Zur heterogenen Umsetzung von Cellulosefasern mit α-Chloracrylnitril. Faserforsch. u. Textiltechnik **20** (1969) 10, S. 486–490.
Rippenbejn, V. Ja.: Kräuselungsbildung beim Stauchen der Chemieelementarfadenkabel. Tekstil. Prom., Moskva (Textil-Ind.) **29** (1969) 8, S. 22 bis 24.
Rucko, N. A.: Zum Verhältnis der Bad- und Fadengeschwindigkeit in vertikalen Rohren in Kontinuespinnmaschinen. Chim. Volokna (Chem. Fasern) (1969) 3, S. 24–26.

Synthetische Faserstoffe

Robertson, J. D.: Eine praktische Verbesserung bei der Temperaturkontrolle von Schmelzen. SPE Journal, Manchester **25** (1969) 4, S. 72 bis 73.
Kovalenko, A. P.: Die wirksamsten Wege zur Verbesserung der Anlagen zur Herstellung von Synthesefaserstoffen. Chim. Volokna (Chem. Fasern) (1969) 5, S. 63–65.
Kaufmann, S.: Einige Ergebnisse optischer Untersuchungen zur Fadenbildung und Kaltreckung von Polyamid 6. Faserforsch. u. Textiltechnik **20** (1969) 10, S. 499–500.
Simko, I. G.: Zverev, M. P.: Untersuchungen auf dem Gebiet der Herstellung von Polyolefinfaserstoffen. Chim. Volokna (Chem. Fasern) (1969) 5, S. 11–12.
Koch, P.-A.: Polyacrylnitrilfasern. Z. ges. Textilind. **71** (1969) 11, S. 763 bis 771.

Künstliche mineralische Faserstoffe

Glänzende Zukunft für textile Glasfaserstoffe. Chem. engng. News **47** (1969) 43, S. 18–19.
Metallfaservliese für Metall/GFK-Verbundteile. Kunststoff-Rdsch. **16** (1969) 10, S. 652–653.

Ausgangsstoffe. Schaumstoffe. Kautschuk

Łazarski, Z.: Anpassung von Schneckenextrudern für die Verarbeitung von HD-Polyäthylen nach der Extruderblasenmethode. Polimery, Warszawa **14** (1969) 8, S. 400–403.
Meckelburg, E.: Eine allgemeine Übersicht über Kunststoffschäume. ZwF. Z. wirtsch. Fertigung **64** (1969) 10, S. 532–536.
Kija-Oglu, N. V., Petrova, V. A., Gurkovskaja, L. V.: Intensivierung des Waschprozesses von Celluloseestern durch Tenside. Plast. Massy, Moskva (Plast. Massen) (1969) 10, S. 67–68.

III. Fäden-Herstellungstechnologien

Spinnerei. Zwirnerei

Spinnereivorbereitung

Kleinhansl, E.: Automatisierung der Dreizylinderspinnerei für Chemiefasern. Melliand Textilber. **50** (1969) 11, S. 1279–1282.
Kopylov, V. N.: Über die ökonomische Effektivität des Kämmens von Flachswerg. Tekstil. Prom., Moskva (Textil-Ind.) **29** (1969) 8, S. 32–33.
Usenko, B. V.: Ausgleich der kurzwelligen Ungleichmäßigkeit auf den Strecken der Baumwollspinnerei. Tekstil. Prom., Moskva (Textil-Ind.) **29** (1969) 8, S. 24–26.

Spinnerei

Plonsker, K. R., Backer, St.: Die Dynamik des Streckwerkverzuges. Teil II. Die Rolle der Faserkräuselung beim Zugverhalten des Bandes während niedriger Verzüge oder Spannungen. Textile Res. J. **39** (1969) 9, S. 823 bis 830.
Ripka, J.: Das Elementenspinnverfahren. Ind. textile, Paris (1969) 982, S. 397–399.
Lennox-Kerr, P.: Wo steht das Elementenspinnen? Textile Ind. **133** (1969) 6, S. 82–86.
Rohlena, V.: Erfahrung mit den BD-200-Maschinen. Ind. textile, Paris (1969) 982, S. 395–396.

Erzeugnisse der Spinnerei und Zwirnerei

Richtlinien für die Abnahme von Textilerzeugnissen in der Kautschuk verarbeitenden Industrie. Teil I, II. ZwF. Z. wirtsch. Fertigung **64** (1969) 9, S. 505–509; 10, S. 565–570.
Rozmarynowski, W., Riemer, T.: Nähfäden aus synthetischen Faserstoffen. Technik włókienn. (Textiltechn.) **18** (1969) 5, S. 134–136.
Alešin, P. A.: Berechnung der Garnvolumen auf dem Kops. Tekstil. Prom., Moskva (Textil-Ind.) **29** (1969) 8, S. 75–77.
Polyamid-Monofilnähfaden „Andaria" von Asahikasei. Japan Textile News (1969) 174, S. 82.

Texturfäden

Lünenschloß, J. W., Helli, J. G.: Die Texturierung von Chemiefäden im Luftstrom. Teil 3. Textil-Praxis **24** (1969) 10, S. 651–656.
Texturierte Garne, Gewebe und Maschenware – ihre Herstellung, Verarbeitung und Ausrüstung. Teil II. Internat. Textil-Bull., Zürich. Weltausgabe: Spinnerei (1969) 3, S. 192–197, 198, 203–204, 209–212.
Lünenschloß, J., Azarschab, M., Busch, F.: Vergleich von Maschenwaren aus hochelastischen Polyamid- und Polyester-Kräuselgarnen sowie Core-Garnen aus Elastomeren mit Wollmantel. Wirk.- u. Strick.-Technik **19** (1969) 11, S. 969–977; 981–986.
Fuchs, T.: Der Einsatz von synthetischen Bauschgarnen in der Maschenwarenindustrie. Magyar Textiltechn. **21** (1969) 10, S. 536–543.
Wray, G. R., Entwistle, J. H.: Eine Abwandlung der Taslan-Düse für das Arbeiten bei niedrigen Luftdrücken. J. Textile Inst. **60** (1969) 10, S. 411 bis 419.
Mazov, Ju. A.: Einige Besonderheiten der Herstellungstechnologie für elastische Hochbauschfäden. Chim. Volokna (Chem. Fasern) 5, S. 55–57.

IV. Flächengebilde-Herstellungstechnologien

Burnip, M. S., Thomas, I. H.: Herstellung und Eigenschaften von Maschen- und Webwaren. Textile Progress **1** (1969) 3, S. 1–128.
Stopačinskaja, A. L. (Schreibw. i. Orig.: *Stopatschinskaja, A. L.*): Neues Verfahren für die Herstellung von Kunstpelz auf Gewirkegrundlage. Tekstil. Prom., Moskva (Textil-Ind.) **29** (1969) 7, S. 51–53.

Weberei

Schneider, W. P.: Die Stellung der Weberei innerhalb der Textilindustrie aus der Sicht des Maschinenherstellers. Chemiefasern **19** (1969) 9, S. 706 bis 711; 10, S. 798–802.
Webtechniken für Polyester/Baumwoll-Mischgewebe. Japan Textile News (1969) 174, S. 102–104.
Broeckel, G.: Betriebsbilanz von zwei Webereitypen, die Sulzer-Maschinen verwenden. Ind. textile, Paris (1969) 982, S. 409–415.

Materialvorbereitung

Hebberling, F.: Der maximale Aufwindewinkel beim Aufwinden auf Textilspulen. Textile Res. J. **39** (1969) 9, S. 799–808.
Walter, H.: Kettenglättgeräte ermöglichen höhere Nutzeffekte. Melliand Textilber. **50** (1969) 11, S. 1290–1291.
Blumenstein, C. R.: Schlichte und Faser/Garn-Beziehungen. Textile Ind. **133** (1969) 6, S. 93, 95–97, 136.

Erzeugnisse der Weberei

Dadivadze, E. A., Grdzelišvili, E. A., Pičchadze, Š. V., Golubeva, S. K., Kurajtis, S. A., Metelkin, A. I.: Erschweren von Naturseidengeweben mit synthetischen Füllstoffen. Tekstil. Prom., Moskva (Textil-Ind.) **29** (1969) 8, S. 59–60.
Westbrock, W.: Kontrolle der in Beziehung zur Webmaschine stehenden Fehler. Textile Ind. **133** (1969) 6, S. 102–105, 162.

Wirkerei und Strickerei. Konfektionstechnik. Sonstige Technologien

Havas, I.: Über den Einfluß der Fertigungsbedingungen auf die Struktur und Maßänderung der Rippen-Maschenwaren. Magyar Textiltechn. **21** (1969) 10, S. 529–535.

Wirkerei- und Strickerei-Technologie

Mills, R. W.: Vollgeminderte Strümpfe und Wirkwaren in den 70er Jahren. Textile Inst. Ind. **7** (1969) 9, S. 242–244.
Einsatzgebiete und -möglichkeiten von Polyester/Baumwolle in der Wirkerei und Strickerei. Hosiery Trade J. **76** (1969) 909, S. 93–95.
Brose, P.: Photoelektrische Stoffabtastvorrichtung für Kettenwirkmaschinen. Hosiery Trade J. **76** (1969) 909, S. 75–80.
Höwelmann, W., Krause, R., Schmidt, H., Wersching, K.: Die Kosten einer Kollektionsumstellung in einem Maschenwarenbetrieb. Wirk.- u. Strick.-Technik **19** (1969) 11, S. 965–969.
Brose, P.: Warenfehlerkontrolle in der Textilindustrie. Melliand Textilber. **50** (1969) 11, S. 1307–1314.

Erzeugnisse der Wirkerei und Strickerei

Butovič, V.: Kurz über die Technik im Ausland. Tekstil. Prom., Moskva (Textil-Ind.) **29** (1969) 8, S. 66–67.
Žukovskij, V. V.: Herstellen von Wirkwaren auf Raschelmaschinen. Tekstil. Prom., Moskva (Textil-Ind.) **29** (1969) 8, S. 45–47.

Konfektion

Cussons, P.: Die Möglichkeiten kurzlebiger Bekleidung. Textile Inst. Ind. **7** (1969) 10, S. 271–273.
Kolesnikov, P. A.: Anforderungen der Konfektion an Kleiderstoffe. Tekstil. Prom., Moskva (Textil-Ind. **29** (1969) 8, S. 11–14.
Charwat, H.: Rationellere Hutfabrikation durch Acralen-Bindemittel. Bayer-Farben-Rev., Leverkusen (1969) 17, S. 47–53.

Textilverbundstoffe

Faserverbundstoffe. Vliesstoffe

Lennox-Kerr, P.: Die Nonwovens-Industrie in rascher Entwicklung. Melliand Textilber. **50** (1969) 11, S. 1287–1290.
Möglichkeiten der modernen Nadelfilzmaschinen. Ind. textile, Paris (1969) 982, S. 407–408.
Horváth, J.: Über den heutigen Stand der Nadelfilztechnologie. Magyar Textiltechn. **21** (1969) 10, S. 548–551.

V. Textilveredlung

Farbstoffe. Textilhilfsmittel

Koerner, J.: Lösliche Farbstoffe in der Kunststoff-Industrie. Kunststoff-Rdsch. **16** (1969) 10, S. 613–615.
Giles, C. H., Shah, C. D.: Dispersionsfarbstoffe in hydrophoben Substraten. J. Soc. Dyers Colourists **85** (1969) 9, S. 417–418.
Hemzawi, H., Jones, F.: Farbstoffe und Pigmente mit funktionellen Organosilicongruppen. J. Soc. Dyers Colourists **85** (1969) 9, S. 401–404.
Siegrist, G.: Textilveredlung aus organischen Lösungsmittel. Chemischreiniger u. Färber/Färber-Ztg. **22** (1969) 10, S. 508–516.

Bleicherei. Sonstige Vorbehandlungsarbeiten der Textilveredlung

Makarova, T. P., Davina, V. V., Kolodner, D. J., Konev, Ju. E., Vol'f, L. A.: Über antimikrobielle Eigenschaften von Faserstoffen nach Behandlung mit lumineszierenden Präparaten. Chim. Volokna (Chem. Fasern) (1969) 5, S. 50–51.

Färberei

Senner, P., Merkel, J.: Färberische Möglichkeiten im Bereich zwischen Thermosolierung und Lösungsmittelfärbetechnik. Chemiefasern **19** (1969) 10, S. 802–809.
Einzelheiten und Einsatzmöglichkeiten des HT-Färbeapparates „Autostat". Wirk.- u. Strick.-Technik **19** (1969) 11, S. 989, 991–992.
Haelters, M., Herrmann, G.: Probleme und Fehlerursachen in der Stückfärberei mit Küpenfarbstoffen. Melliand Textilber. **50** (1969) 11, S. 1325 bis 1340.
Ondrejmiška, K.: Färben von Polypropylenfasern vom Standpunktphysikalisch-chemischer Beziehungen. Chem. Vlákna, Svit (Chem. Fasern) **19** (1969) 3/5, S. 80–88.

Druckerei

Schmidt, W.: Textildruck. Textilreinigung, Leipzig **16** (1969) 9, S. 283–286; 10, S. 313–316.
Barth, H.: Das Trichromie- oder Dreifarben-Rasterdruckverfahren im Filmdruck auf Textilien. Bayer-Farben-Rev., Leverkusen (1969) 17, S. 66 bis 74.
Sieber, J. H.: Verfahrenstechnische und apparative Betrachtungen über die Textilausrüstung in Perchloräthylen mit kontinuierlichen und diskontinuierlich arbeitenden Ausrüstungsmaschinen. Textilveredlung, Weinfelden/Schweiz **4** (1969) 10, S. 761–766.

Ausrüstung. Trocknung

Ernst, E., Schindling, G., Minnet, S.: Einflüsse der Veredlung auf den Ausfall und die Gebrauchstüchtigkeit von Strick- und Webwaren aus texturierten Diolen-Garnen. Teil 2. Textil-Praxis **24** (1969) 10, S. 678 bis 682.
Wiegand, H. D.: Die Thermofixierung von Seilen aus hochfesten Polyesterfäden. Chemiefasern **19** (1969) 10, S. 825–826.
Möck, U., Möck, W., Schilling, I.: Die chemische Modifizierung von Cellulose. 7. Mitteilung: Die Knitterfestausrüstung von Baumwolle mit Methylolen von aliphatischen und aromatischen Sulfonamiden. Melliand Textilber. **50** (1969) 11, S. 1345–1349.
Cook, J. R., Delmenico, J., Jones, F. W.: Fixieren der Wolle ohne verlängerte Dampf-Pressung. Textile Inst. Ind. **7** (1969) 9, S. 247–248.
Maier, H.: Probleme beim Paraffinieren von Maschinenstrickgarn. Z. ges. Textilind. **71** (1969) 11, S. 777–782.
Senner, P.: Das Trocknen, Dämpfen und Fixieren von Textilien. Textil-Praxis **24** (1969) 10, S. 683–687.

Wäscherei. Chemische Reinigung

Hochleistungs-Stoffbearbeitungsmaschine. Hosiery Trade J. **76** (1969) 909, S. 127.
Überschär, K.: Enzyme in der Textilreinigung. Textilreinigung, Leipzig **16** (1969) 11, S. 328–330.

VI. Werkstoffprüfung. Meß- und Prüftechnik. Standardisierung

Eigenschaften und Fehler der Textilmaterialien u. a.

Conor, P. C., Owsten, C. N.: Elektrischer Widerstand von einzelnen Kohlenstoff-Fasern. Nature, London **223** (1969) 5211, S. 1146–1147.
Bartunek, R.: Struktur und technologische Eigenschaften von Chemiefasern aus Cellulose. Umschau Wiss. Technik **69** (1969) 20, S. 657.
Arseenko, A. C., Pavlov, V. A., Lisicyn, G. P., Jablokova, R. A., Rogovina, A. A.: Einfluß der Größe und Art der zyklischen Verformung auf die Festigkeit von Viskosecord. Chim. Volokna (Chem. Fasern) (1969) 5, S. 51–53.
Bartoš, O., Vyškovská, Z.: Fließeigenschaften von Polypropylen, gemessen mit verschiedenen Geräten. Chem. Vlákna, Svit (Chem. Fasern) **19** (1969) 3–5, S. 65–73.
Warwicker, J. O., Clayton, J. W.: Reaktivität von Baumwolle nach Behandlung mit sauren Quellmitteln. J. appl. Polymer Sci. **13** (1969) 5, S. 1037 bis 1048.
Postle, R.: Form und Dimensionen von Rippen-Wirkwaren aus Kammgarn. J. Textile Inst. **60** (1969) 9, S. 395–399.
Thermisch beständiger Faserstoff Arimid PM. Chim. Volokna (Chem. Fasern) (1969) 5, S. 66.
Carter, H. B., Onions, W. J., Pitts, J. M.: Der Einfluß des Ursprungs auf die Kraft-Dehnungs/Beziehungen der Wollfasern. J. Textile Inst. **60** (1969) 10, S. 420–429.
Kryštufek, J.: Bestimmung der inneren Oberfläche der Fasern mittels Quecksilber-Porosimetrie. Textil, Praha **24** (1969) 10, S. 343–345.
Hildebrand, D.: Migrierverhalten der Resolin-Farbstoffe. Bayer-Farben-Rev., Leverkusen (1969) 17, S. 18–37.
Kello, D., Lacko, V.: Deformations-elastische Eigenschaften der Polyesterfasern. Chem. Vlákna, Svit (Chem. Fasern) **19** (1969) 3/5, S. 98–102.

Meß- und Prüftechnik

Zbaraszewska, L.: Vergleich der Angaben des Rotationsviskosimeters Typ RV mit den Angaben des Viskosimeters Höppler, Technik włókienn. (Textiltechn.) **18** (1969) 5, S. 140–143.
Kamel, M., Ateya, K., Ismail, S.: Untersuchung der Reaktion einiger Modell-Reaktivfarbstoffe unter verschiedenen Anwendungsbedingungen. Textile Res. J. **39** (1969) 9, S. 872–877.
Henning, H.-J., Mckelvie, D. R.: Vergleich zwischen Mikroprojektions- und Luftstromdurchmessern gewaschener Wolle. J. Textile Inst. **60** (1969) 10, S. 430–440.
Stand der Hygieneforschung auf dem Gebiet der Chemischreinigung. Chemischreiniger u. Färber/Färber-Ztg. **22** (1969) 10, S. 522–523.
Draves, C. Z., jr., Skolnik, L.: Nachahmung und Untersuchung des Verhaltens von Cord in Reifen. Kautschuk, Gummi, Kunststoffe **22** (1969) 10, S. 561–565. (engl.)
Kantouch, A., Bendak, A.: Die Wirkung von Perjodsäure und ihrer Salze auf Wolle. Teil II. Aminosäuren in Wollen, die mit Perjodat oxydiert wurden. Teil III. Elemente und andere Oxydationsprodukte in Wolle, die mit Perjodat oxydiert wurde. Textile Res. J. **39** (1969) 9, S. 851 bis 858; 858–865.
Giles, C. H., Shah, C. D., Baillie, D.: Wirtschaftliche und wirksame Lichtechtheitsprüflampen. J. Soc. Dyers Colourists **85** (1969) 9, S. 410–417.

Standardisierung. Terminologie

Böhme, W.: 13. Mitteilung des FA Textilterminologie der KDT. Faserforsch. u. Textiltechnik **20** (1969) 11, S. 550.
Sayers, L. W., Barnes, J. W.: Entflammbarkeit – Eine Einschätzung des Entflammens an der Oberfläche von Florgeweben. Eine grundlegende Arbeit zu dem britischen Standardentwurf Güteanforderungen und Prüfung der Oberflächen-Entflammbarkeit von Florgeweben. Textile Inst. Ind. **7** (1969) 10, S. 268–270.

VII. Betriebstechnik. Ökonomie. Tagungsberichte und dgl.. Sonderfragen

Betriebstechnik

Petzold, H. J.: Organisatorische Probleme bei Einführung und Betrieb von EDV-Anlagen. Rationalisierung, München **20** (1969) 10, S. 251–252, 261–262.
Feige, G.: Zur Problematik des Rechtsschutzes von Computerprogrammen. Neuerer, Ausg. B (1969) 10, S. 229–233.
Frolikova, E. M., Prokop'eva, T. K.: Korrosionsfestigkeit der Schweißverbindungen von Stahl X17513MsT in aggressiven Medien bei der Produktion von Nitronfaserstoffen. Chim. Volokna (Chem. Fasern) (1969) 5, S. 60–62.
Šibaeva, L. F., Krochin, N. G., Kaveckij, G. D.: Trocknung von Polyamidschnitzeln in Wirbelschicht. Chim. Volokna (Chem. Fasern) (1969) 5, S. 8–10.
Abwasserreinigung bei der Chemiefaserproduktion. Chemiefasern **19** (1969) 10, S. 832–833.
Nikolov, I., Sapunarov, M., Dončev, N.: Neue Art von Fußbodenbelag für Baumwollbetriebe. Tekstil. Prom., Sofija (Textil-Ind.) **18** (1969) 7, S. 22 bis 24.
Anstrengungen der Verschmutzungskontrolle: „Berichte der Welt darüber". Textile Ind. **133** (1969) 6, S. 71–73.
Furchner, H.: Die Luftelektrizität und ihre Anwendung in der Bekleidungsindustrie. Bekleid. u. Wäsche **21** (1969) 21, S. 1714–1716, 1718, 1720.
Vogg, H.: Isotopentechnik in der Textilindustrie. Melliand Textilber. **50** (1969) 11, S. 1361–1365.

Ökonomie

Travnicek, Z.: Zur Futurologie auf dem Gebiet der Faserstoffe. Chemiefasern **19** (1969) 10, S. 784–786.
Türkische Chemiefaserindustrie expandiert. Chem. Ind., Düsseldorf **21** (1969) 9, S. 620.
Arlt, F.: Motivforschung – Voraussetzung für effektive Arbeitsgestaltung. Fertigungstechnik u. Betrieb **19** (1969) 11, S. 647–648.
Garbe, E.: Die Selbstkosten für neue Erzeugnisse im voraus begrenzen. Wirtschaft, Ausg. A **24** (1969) 44, S. 14.
von Amerongen, Wolf O.: Gefahren und Chancen für die Wirtschaft im Welthandel. Textil-Praxis **24** (1969) 10, S. 629–632.
Exportlage von Polynosicfaser-Erzeugnissen. Japan Textile News (1969) 174, S. 63–64.
Lewandowski, St.: Kurze Analyse der Textilrohstoffwirtschaft in Polen. Technik włokienn. (Textiltechn.) **18** (1969) 5, S. 132–133.
Kregelch, H.: Was verspricht sich die Wirtschaftspraxis von der Kybernetik? Rationalisierung, München **20** (1969) 10, S. 246–247.
Huppert, O., Barth, G., Mittenzwei, J.: Eine Symbolik für das Arbeitsstudienwesen. Arbeit u. Arbeitsrecht **24** (1969) 22, S. 684–688.
Jungbluth, A.: Notwendigkeit und Möglichkeiten methodischer Arbeitsgestaltung in der Industrie. Rationalisierung, München **20** (1969) 10, S. 248–250.

Sonderfragen

Reform des Studiums in der DDR. Nachrichten Chemie Technik **17** (1969) 19, S. 328–330. In: Angew. Chemie **81** (1969) 19.
Deutsch-amerikanische Zusammenarbeit in der Chemie-Dokumentation. Nachrichten Chemie Technik **17** (1969) 19, S. 327–328. In: Angew. Chemie **81** (1969) 19.
Feldmann J.: Gestaltung der Arbeitsverhältnisse in einer wissenschaftlichen Institution. Arbeit u. Arbeitsrecht **24** (1969) 22, S. 691–695.
Lindenlaub, W.: Anwendungsforschung – entscheidendes Element sozialistischer Wirtschaftsorganisation. Wirtschaft, Ausg. A **24** (1969) 45, S. 11.

FSC
www.fsc.org
MIX
Papier | Fördert
gute Waldnutzung
FSC® C083411

Zeitfracht Medien GmbH
Ferdinand-Jühlke-Straße 7
99095 Erfurt, Deutschland
produktsicherheit@kolibri360.de